Hayder Al-Shuka

Controlo computacional ótimo de um robô bípede

AF302018

Hayder Al-Shuka

Controlo computacional ótimo de um robô bípede

Experiências de simulação com MATLAB/SIMULINK

ScienciaScripts

Imprint

Any brand names and product names mentioned in this book are subject to trademark, brand or patent protection and are trademarks or registered trademarks of their respective holders. The use of brand names, product names, common names, trade names, product descriptions etc. even without a particular marking in this work is in no way to be construed to mean that such names may be regarded as unrestricted in respect of trademark and brand protection legislation and could thus be used by anyone.

Cover image: www.ingimage.com

This book is a translation from the original published under ISBN 978-620-7-99634-6.

Publisher:
Sciencia Scripts
is a trademark of
Dodo Books Indian Ocean Ltd. and OmniScriptum S.R.L publishing group

120 High Road, East Finchley, London, N2 9ED, United Kingdom
Str. Armeneasca 28/1, office 1, Chisinau MD-2012, Republic of Moldova, Europe
Printed at: see last page
ISBN: 978-620-8-03653-9

Controlo computacional ótimo para um robô bípede

Hayder F. N. Al-Shuka

Escola de Ciências e Engenharia de Controlo, Universidade de Shandong, Jinan, China

Resumo

Os robots bípedes têm merecido muita atenção ao longo de décadas. Foram efectuadas várias investigações para os tornar capazes de ajudar ou mesmo substituir os seres humanos na realização de tarefas especiais. Além disso, o estudo dos robôs bípedes é importante para compreender a locomoção humana e para desenvolver e melhorar as estratégias de controlo de membros protéticos e ortóticos.

Alguns desafios encontrados na conceção de robôs bípedes são (1) Os robôs bípedes têm estruturas instáveis devido à articulação passiva localizada no contacto unilateral pé-solo. (2) Têm uma configuração diferente quando passam de uma fase de marcha para outra. Durante a fase de apoio simples, o robô é subactuado, enquanto se transforma num sistema sobreactuado durante a fase de apoio duplo. (3) Os robots bípedes têm muitos graus de liberdade (DOFs). (4) Os robots bípedes interagem com diferentes ambientes desconhecidos. Por conseguinte, este trabalho centra-se em estratégias de controlo ótimo computacional offline para robôs bípedes baseados em pontos de momento zero. O controlo computacional ótimo foi efectuado para investigar os efeitos de algumas restrições impostas à locomoção dos bípedes, tais como a imposição de que o pé oscilante se mova ao nível do solo,

Foi utilizada uma abordagem de diferenças finitas para transcrever o problema de controlo ótimo de dimensão infinita num problema de controlo sub-ótimo de dimensão finita. Em seguida, a otimização de parâmetros foi utilizada para obter uma trajetória subóptima do bípede com a imposição de diferentes restrições. Em geral, qualquer restrição imposta artificialmente à locomoção do bípede pode levar a um aumento do valor dos binários de controlo de entrada. Por outro lado, a trajetória subóptima do robô bípede durante o ciclo completo de marcha foi conseguida em diferentes casos, de modo a obter uma resposta dinâmica contínua. O facto de obrigar a locomoção do bípede a mover-se com uma transição linear do ponto de momento zero (ZMP) durante o DSP pode levar a um maior consumo de energia.

Índice

1 Controlo Optimizado Computacional : Teoria e Simulação

Um dos problemas mais difíceis da locomoção bípede é a geração de trajectórias viáveis associadas a uma estabilidade garantida e a um movimento adaptável [Vun10]; os robôs bípedes têm uma instabilidade inerente à sua natureza. Além disso, a compreensão completa do movimento humano, que poderia ser perdida, pode orientar os projectistas para inovar a locomoção bípede robusta. Foram utilizadas várias abordagens para gerar o movimento do robô bípede, tal como descrito no Capítulo 2 de [Hay14]. No entanto, existem dois métodos eficientes utilizados para este fim: a marcha baseada na otimização e a marcha baseada no centro de gravidade (COG). Este último não lida com a energia mínima, o design ótimo e as diferentes restrições cinemáticas e dinâmicas do robot bípede. Estes problemas podem ser tratados com sucesso com a teoria do controlo ótimo [Che09]. Ver [Hay19, Hay18/1, Hay18/2, Hay18/3, Hay17/1, Hay17/2, Hay16, Hay15, Hay14, Hay14/1, Hay14/2, Hay14/3, Hay14/4, Hay13/1, Hay13/2, Hay13/3, Sam08] para mais pormenores sobre dinâmica, geradores de padrões de marcha e controlo de robôs bípedes. Como mencionado anteriormente, o controlo ótimo pode ser classificado como: programação dinâmica, métodos indirectos e métodos diretos. Embora a programação dinâmica seja menos sensível à estimativa inicial dos parâmetros de projeto, sofre da maldição da dimensionalidade [Rob05]. A abordagem indireta, representada pelo princípio do máximo de Pontryagin (PMP), exige condições necessárias para a otimização, o que resulta num problema não linear de valor de dois limites [Pan92, Die11]. No entanto, a solução computacional pode conduzir a EDOs altamente não lineares. A obtenção das condições necessárias de optimalidade pode ser complicada para sistemas dinâmicos complexos, tais como robôs bípedes [Che09, Seg05]. Além disso, os métodos indirectos são extremamente sensíveis à estimativa inicial das equações de custo. Apesar desta dificuldade, [Ros01, Bes02] investigaram o movimento ótimo do robô bípede durante o SSP e durante o ciclo completo da marcha, respetivamente, usando o PMP, assumindo que as condições de fronteira do robô bípede são conhecidas. luz do exposto, o analista necessita de métodos mais flexíveis para os problemas de controlo ótimo, representados pelos métodos diretos, transcrevendo o problema de dimensão infinita em programação não linear de dimensão finita (otimização estática ou de parâmetros). Isto pode ser implementado através da discretização dos controlos ou dos estados, ou de ambos, dependendo da abordagem de discretização selecionada, e da resolução do problema utilizando um dos algoritmos de programação não linear, como a programação quadrática sequencial (SQP), os pontos interiores, o algoritmo genético (GA), etc. Apesar da sua facilidade e robustez, este método só pode dar uma solução subóptima/aproximada [Pan92, Die11, Hul96, Goh88].

Este relatório centra-se em três pontos importantes. Em primeiro lugar, é feita uma breve revisão sistemática do controlo ótimo direto nas secções 1.1 e 1.2Em segundo lugar, é apresentada a superioridade da otimização baseada na dinâmica inversa, a sua discretização e os métodos de otimização de parâmetros. Em segundo lugar, o efeito de diferentes restrições no índice de desempenho do bípede alvo é apresentado na Secção 1.3. Por outro lado, a Secção 1.4 trata do planeamento suboptimizado da trajetória do bípede-alvo durante todo o ciclo de marcha. Um dos problemas claros encontrados na resposta dinâmica do robot bípede é a descontinuidade dos binários de acionamento/forças de reação do solo nas instâncias de transição durante a transferência do SSP para o DSP e vice-versa. Por conseguinte, a última secção tenta resolver este problema através do rastreio das forças de reação do solo desejadas, adoptadas a partir do pressuposto 4-4 de [Hay14]. Secção 1.5 descreve os resultados da simulação, enquanto a Secção 1.6 apresenta as conclusões.

1.1 Otimização baseada na dinâmica progressiva

Em geral, a formulação do problema de controlo ótimo baseado na dinâmica progressiva para qualquer sistema dinâmico não linear pode ser descrita da seguinte forma:

Determinar o controlo de entrada $\tau \in \mathbb{R}^{n_\tau}$ de modo a minimizar o índice de desempenho (critério), σ,

$$\sigma = \Theta_0\big(\chi(t_0), t_0, \chi(t_f), t_f\big) + \int_{t_0}^{t_f} \Theta_1(\chi(t), \tau(t), t)\,dt \qquad \text{Eq. 1-1}$$

com Θ_0 e Θ_1 são funções escalares dos argumentos indicados, $\chi \in \mathbb{R}^{n_x}$ é o vetor de estado, t, t_0 e t_f são o tempo, o tempo inicial e o tempo final, respetivamente.

Sujeito ao sistema de equações diferenciais

$$\dot{\chi} = \vartheta(\chi(t), \tau(t), t) \qquad \text{Eq. 1-2}$$

em que $\vartheta \in \mathbb{R}^{n_x}$ representa o vetor de funções que relaciona os estados com o controlo de entrada. Para além disso, podem estar disponíveis as seguintes restrições:

Restrições iniciais:

$$\kappa_1(x(t_0), \tau(t_0), t_0) \leq 0$$
$$\kappa_2(x(t_0), \tau(t_0), t_0) = 0 \qquad \text{Eq. 1-3}$$

em que $\kappa_1(.)$ e $\kappa_2(.)$ denotam os vectores das restrições iniciais de desigualdade e de igualdade, respetivamente.

Restrições finais:

$$\kappa_3(\chi(t_f), \tau(t_f), t_f) \leq 0 \qquad \text{Eq. 1-4}$$

$$\kappa_4\big(\chi(t_f),\tau(t_f),t_f\big) = 0$$

em que $\kappa_3(.)$ e $\kappa_4(.)$ denotam os vectores das restrições finais de desigualdade e de igualdade, respetivamente.

Restrições de trajetória:

$$k_i(\chi(t),\tau(t),t) \leq 0$$

$$k_e(\chi(t),\tau(t),t) = 0$$

Eq. 1-5

em que $\kappa_i(.)$ e $\kappa_e(.)$ denotam os vectores das restrições de desigualdade e de igualdade de trajectórias, respetivamente.

Restrições de caixa do controlo de entrada e do vetor de estado:

$$\tau_l \leq \tau(t) \leq \tau_u$$

$$\chi_l \leq \chi(t) \leq \chi_u$$

Eq. 1-6

com o subscrito l refere-se ao valor inferior, enquanto u refere-se ao valor superior.

O problema de controlo ótimo (**Eq. 1-1** a **Eq.** 1-6) pode ser convertido num problema de otimização de parâmetros através da discretização do controlo de entrada, no caso de disparo simples e múltiplo, ou do controlo de entrada e do vetor de estado, no caso do método de colocação (ver **Tab. 1-1** que mostra as formulações, vantagens e desvantagens do disparo único, do método de colocação e do disparo múltiplo). Em seguida, qualquer técnica de programação não linear pode ser utilizada com êxito para fins de otimização. Para mais pormenores, consultar [Die11, Hul96, Goh88].

A formulação do problema de controlo ótimo discretizado pode ser descrita como uma programação não linear da seguinte forma:

Determinar: o vetor de conceção d que pode ser as variáveis de controlo ou tanto o controlo de entrada como os estados.

Minimizar: $\sigma = \Theta(d)$ Eq. 1-7

Para resolver **Eq. 1-1** numericamente e convertê-la em **Eq. 1-7** qualquer abordagem de integração numérica bem conhecida, como a regra de Simpson trapezoidal ou composta, etc., pode ser utilizada com sucesso.

Sujeito a:

Restrições de caminho (ϱ_e): $\varrho_e(d) = 0$ **Eq. 1-8**

Restrições de desigualdade (ϱ_i): $\varrho_{i_l} \le \varrho_i(d) \le \varrho_{i_u}$ **Eq. 1-9**

Restrições de caixa das variáveis de conceção: $d_l \le d \le d_u$ **Eq. 1-10**

Observação 1-1. Ao aplicar a otimização baseada na dinâmica progressiva à dinâmica de vários corpos (sistema robótico), devem ser tidas em conta as seguintes questões:

- **Eq. 1-2** requer a reescrita da equação de movimento para o robot bípede (**Eqs. 4-2 e 4-19** de [Hay14]) como se segue:

$$\dot{\chi} = M^{-1}(\tau - C\chi - g) \qquad \text{(SSP)} \qquad \textbf{Eq. 1-11}$$

$$\dot{\chi} = M^{-1}(\tau + J^T\lambda - C\chi - g) \qquad \text{(DSP)} \qquad \textbf{Eq. 1-12}$$

com $\chi = \dot{q}$ e $\dot{\chi} = \ddot{q}$.

Assim, é necessário calcular a inversa da matriz de massa, o que é frequentemente dispendioso do ponto de vista computacional, a menos que seja explorada uma técnica recursiva.

- Se os sistemas dinâmicos multicorpos se movimentarem com restrições de movimento, as restrições de igualdade e desigualdade podem não ter expressões explícitas para as variáveis de controlo de entrada. Consequentemente, estas restrições devem ser diferenciadas várias vezes até que o vetor de controlo de entrada apareça; para mais detalhes, consulte [Bet01].
- Para resolver o PNL, é necessário escolher uma estimativa inicial viável para as variáveis de projeto. Consequentemente, não é fácil obter uma boa estimativa inicial para as variáveis de controlo nos métodos baseados na dinâmica progressiva.

Apesar das dificuldades encontradas na solução da otimização baseada na dinâmica progressiva, esta é adoptada como uma ferramenta de otimização para gerar padrões de marcha óptimos para robôs bípedes em [Aze02/2, Rou98].

Observação 1-2. Depois de converter o problema original de controlo ótimo em NLP, a rotina *fmincon* da caixa de ferramentas de otimização do MATLAB pode ser utilizada facilmente. De facto, a maioria das rotinas do MATLAB podem ser usadas eficazmente: *ga* (algoritmo genético), *GlobalSearch*, *Multistart* e *PatternSearch* [Mat11]. Becerra [Bec13] fez um exemplo simples e detalhado usando *fmincon* para resolver a abordagem de colocação.

Observação 1-3. A maioria dos livros de controlo ótimo concentra-se na otimização baseada na dinâmica direta como um problema de otimização direta, em vez da otimização baseada na dinâmica inversa mencionada mais adiante; para uma compreensão detalhada deste tópico interessante, ver [Die11, Bet01, Ger12].

Tab. 1-1: Formulação, vantagens e desvantagens do disparo único, da colocação e do disparo múltiplo

Tiro único [Die11, Cha09, Cha08]	Colocação [Die11, Cha09, Bec13, Str93, Bet01]	Disparo múltiplo [Die11, Cha09, Pan92]
Princípio: Discretizar apenas as variáveis de controlo. 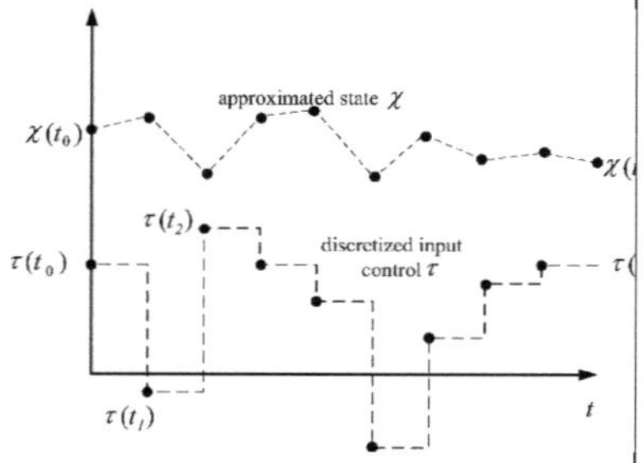	Princípio: Discretizar as variáveis de controlo e os estados em conjunto. 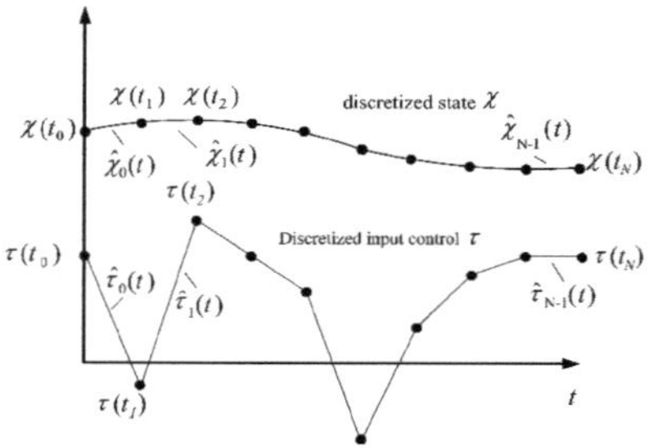	Princípio: Discretizar as variáveis de controlo apenas com a descontinuidade de estado permitida nos momentos da fase. 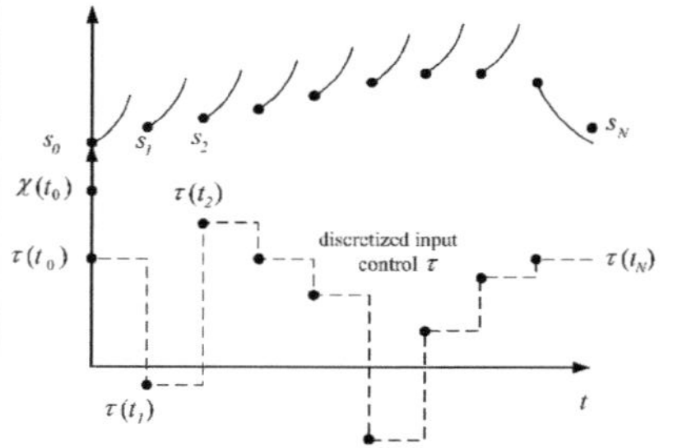
Fig. 1-1: Esquema do método de disparo único	**Fig. 1-2**: Esquema do método de colocação	**Fig. 1-3**: Esquema do método de disparo múltiplo
Problema subótimo: Determinar: o vetor de desenho $d = [\tau^T(t_0), \dots, \tau^T(t_N)]^T$ **Eq. 1-13** Minimizar : **Eq. 1-7**	Problema subótimo: Determinar: o vetor de desenho $d = [\tau^T(t_0), \dots, \tau^T(t_N),$ **Eq. 1-17** $\chi^T(t_0), \dots, \chi^T(t_N)\,]^T$	Problema subótimo: Determinar: o vetor de conceção $d = [\tau^T(t_0), \dots, \tau^T(t_N), s_0, \dots$ **Eq. 1-23** $, s_N)$

Tiro único [Die11, Cha09, Cha08]	Colocação [Die11, Cha09, Bec13, Str93, Bet01]	Disparo múltiplo [Die11, Cha09, Pan92]
Sujeito a: $$\chi_{k+1} = \chi_k + \Delta t.\zeta$$ **Eq. 1-14** com $k = 0,...,N$ $$\varrho_i(\chi(t_k), u(t_k), t_k) \leq 0$$ $$\varrho_e(\chi(t_k), u(t_k), t_k) = 0$$ **Eq. 1-15** com $k = 0,...,N$ $$\tau_l \leq \tau(t_k) \leq \tau_u$$ $$\chi_l \leq \chi(t_k) \leq \chi_u$$ **Eq. 1-16** com $k = 0,...,N$ em que ζ é o vetor de declive que pode adotar diferentes fórmulas dos métodos de Euler, Heun, ponto médio e Runge-Kutta.	Minimizar : **Eq. 1-7** Sujeito a: $$\vartheta(\widehat{\chi}(t_{m,k}), \widehat{\tau}(t_{m,k}), t_{m,k}) - \dot{\widehat{\chi}}(t_{m,k}) = 0$$ **Eq. 1-18** com $k = 0,...,N-1$ $$\varrho_i(\widehat{\chi}(t_{m,k}), \widehat{\tau}(t_{m,k}), t_k) \leq 0$$ $$\varrho_e(\widehat{\chi}(t_{m,k}), \widehat{\tau}(t_{m,k}), t_k) = 0$$ **Eq. 1-19** com $k = 0,...,N$ Para além da **Eq. 1-16**. onde $$t_{m,k} = \frac{(t_k + t_{k+1})}{2}$$ **Eq. 1-20** com $t_k \leq t \leq t_{k+1}, k = 0,..,N-1$	com s_k , $k = 0,...,N-1$, valor inicial artificial . Minimizar : **Eq. 1-7** Sujeito a: $$\dot{\chi}(t, s_k, \tau(t_k)) = \vartheta(\chi(t, s_k, \tau(t_k)), \tau(t_k))$$ **Eq. 1-24** $$t_k \leq t \leq t_{k+1}, k = 0,...,N$$ $$s_0 - \chi(t_0) = 0$$ (condição inicial) **Eq. 1-25** $$s_{k+1} - \chi_k(t_{k+1}, s_k, \tau(t_k)) = 0$$ **Eq. 1-26** (condição de continuidade) com $k = 0,...,N$ Para além das restrições referidas na **Eq. 1-15** e **Eq. 1-16**.

Tiro único [Die11, Cha09, Cha08]	Colocação [Die11, Cha09, Bec13, Str93, Bet01]	Disparo múltiplo [Die11, Cha09, Pan92]
	$$\chi_{j,k}(t) = \sum_{i=0}^{3} \gamma_i^k \left(\frac{t - t_k}{\Delta t}\right)^i, \qquad \textbf{Eq. 1-21}$$ com γ representa o coeficiente constante, $t_k \leq t \leq t_{k+1}, k = 0,..,N-1$ e $j = 1,2,...,n_\chi$ $$\hat{\tau}_k(t) = \tau(t_k) + \frac{t - t_k}{\Delta t} \times \left(\tau(t_{k+1}) - \tau(t_k)\right), \qquad \textbf{Eq. 1-22}$$ com $t_k \leq t \leq t_{k+1}, k = 0,..,N-1$	
Vantagens : <ul><li>Tem poucas variáveis de conceção, mesmo para sistemas de grande escala.</li><li>**A Eq. 1-14** pode ser resolvida por qualquer solucionador de EDO, como os métodos de Euler, do ponto médio, de Heun e de</li></ul>	**Vantagens :** <ul><li>A solução resultante é um sistema de grande escala com PNL esparso.</li><li>Pode utilizar o conhecimento do vetor de estado na inicialização.</li><li>Pode lidar com sistemas instáveis e diferentes restrições de forma fiável.</li></ul>	**Vantagens:** <ul><li>É muito útil se o intervalo de tempo for muito longo.</li><li>Combina as vantagens dos métodos de disparo único e de colocação.</li></ul>

Tiro único [Die11, Cha09, Cha08]	Colocação [Die11, Cha09, Bec13, Str93, Bet01]	Disparo múltiplo [Die11, Cha09, Pan92]
Runge-Kutta.		
Desvantagens: • Não pode utilizar o conhecimento do vetor de estado χ na inicialização. • A solução de estado pode depender não linearmente do vetor de controlo discreto. • Não é preferível para sistemas instáveis.	Desvantagens: • Necessita de mais tempo de cálculo do que a abordagem de disparo único, devido aos grandes parâmetros de conceção utilizados.	Desvantagens: • Não é esparso como o método de colocação.

1.2   Otimização baseada na dinâmica inversa

As equações da dinâmica inversa dos sistemas robóticos expressam os binários/forças de atuação em termos de aceleração e estados; exatamente como descrito no Capítulo 4 de [Hay14]. Assim, o núcleo da otimização baseada na dinâmica inversa é discretizar os estados do sistema e, em seguida, o vetor de binário de atuação discreto τ é obtido usando **as Eqs. 4-2 e 4-19** de [Hay14].

A diferença entre a dinâmica inversa e a otimização baseada na dinâmica direta é explicada resumidamente na **Tab. 1-2**.

Tab. 1-2: Diferenças distintivas entre a otimização baseada na dinâmica progressiva e na dinâmica inversa

Otimização baseada na dinâmica progressiva		Otimização baseada na dinâmica inversa	
i.	A equação dinâmica do movimento é sempre escrita numa forma de espaço de estados.	i.	Pode ser representada numa forma de espaço de estados, como em [Ste97]; no entanto, trata-se simplesmente de representar a equação de movimento nas suas segundas EDOs.
ii.	Tendo em conta o que precede, é necessário calcular a inversa da matriz de massa.	ii.	Não é necessário calcular a inversa da matriz de massa.
iii.	O controlo de entrada ou o controlo de entrada e os estados são discretizados.	iii.	Apenas os estados do sistema alvo são discretizados.
iv.	Necessita de técnicas de integração explícitas ou implícitas, consoante o método proposto utilizado na **Tab. 1-1**.	iv.	Tem a capacidade de converter o problema original de controlo ótimo em equações algébricas que são fáceis de tratar.
v.	Podem ser obtidos limites de controlo simples [Str97, Ste97].	v.	Substituição de limites de controlo simples por restrições de trajetória não lineares [Str97, Ste97].
vi.	Isto pode resultar numa NLP altamente dimensional do problema discretizado [Str97].	vi.	É possível obter uma NLP de menor dimensão para o problema discretizado [Str97].

Stryk [Str97] e Steinbach [Ste97] referiram, independentemente, que a otimização da trajetória obtida a partir da dinâmica inversa é mais rápida do que a obtida a partir da dinâmica direta. Roussel *et al.* [Rou97] fizeram um estudo comparativo sobre a otimização dinâmica de um robô bípede com pés pontiagudos. Os autores consideraram a abordagem da dinâmica direta utilizando a abordagem de disparo único com o método de Euler como método de integração, e a abordagem da dinâmica inversa utilizando a aproximação polinomial e a série combinada polinomial-Fourier que foi utilizada por [Yen87]. Não consideraram a otimização baseada em diferenças finitas nem a spline por partes.

1.2.1 Discretização

De seguida, descrevem-se brevemente as técnicas de discretização.

1.2.1.1 Discretização baseada em splines

A otimização baseada em splines tem sido amplamente utilizada na literatura. A primeira referência [Seg05] utilizou uma função spline de quarta ordem para discretizar o problema; as funções spline cúbicas podem resultar em descontinuidades na terceira derivada dos deslocamentos aproximados das juntas. No entanto, a literatura tem aprovado a eficiência das funções spline cúbicas na implementação. A seguir, consideramos duas ferramentas eficientes para a solução da abordagem da dinâmica inversa: as funções spline cúbicas por partes e as equações de diferenças finitas. Um estudo detalhado sobre a otimização baseada em funções spline do robô bípede pode ser encontrado em [Seg05]. Para motivar a nossa análise, consideremos o seguinte problema simples de otimização citado em [Pan92].

$$\text{Minimizar: } \sigma = \frac{1}{2}\int_0^5 (\chi_1{}^2 + \chi_2{}^2)dt \qquad \textbf{Eq. 1-27}$$

Sujeito a :

$$\dot{\chi}_1 = \chi_2 \qquad\qquad \textbf{Eq. 1-28}$$

$$\dot{\chi}_2 = \chi_2 - \chi_1 + \tau \qquad \text{(EDOs de um sistema dinâmico)}$$

$$\chi_1(0) = 0.231$$

$$\chi_2(0) = 1.126 \qquad \text{(Condições de fronteira)} \qquad \textbf{Eq. 1-29}$$

$$-0.8 \leq \tau \leq 0.8 \qquad \text{(Limites de controlo)} \qquad \textbf{Eq. 1-30}$$

Acima de tudo, recomenda-se a reformulação da **Eq. 1-28** numa equação diferencial de segunda ordem, o que pode facilitar a otimização baseada na dinâmica inversa. Assim, **Eq. 1-27 para Eq. 1-30** podem ser expressas como

Minimizar:

$$\sigma = \frac{1}{2}\int_0^5 (\chi^2 + \dot{\chi}^2)dt \qquad (\chi_1 = \chi) \qquad \textbf{Eq. 1-31}$$

Sujeito a:

$$\ddot{\chi} = \dot{\chi} - \chi + \tau$$

dinâmico)

(EDOs de um sistema

Eq. 1-32

$$\chi(0) = 0.231$$

Eq. 1-33

$$\dot{\chi}(0) = 1.126$$

(Condições de fronteira)

$$\ddot{\chi} - \dot{\chi} + \chi \geq -0.8, \ \ddot{\chi} - \dot{\chi} + \chi \leq -0.8$$ (Limites de controlo) **Eq. 1-34**

De seguida, o deslocamento do sistema, χ é discretizado em segmentos equidistantes (N); ver **Fig. 1-4**. Assim, pode ser aproximado como

$$\hat{\chi}_k(t) = \sum_{i=0}^{3} \gamma_i^k \left(\frac{t - t_k}{\Delta t}\right)^i , t_k \leq t \leq t_{k+1} , k = 0,..,N-1$$

Eq. 1-35

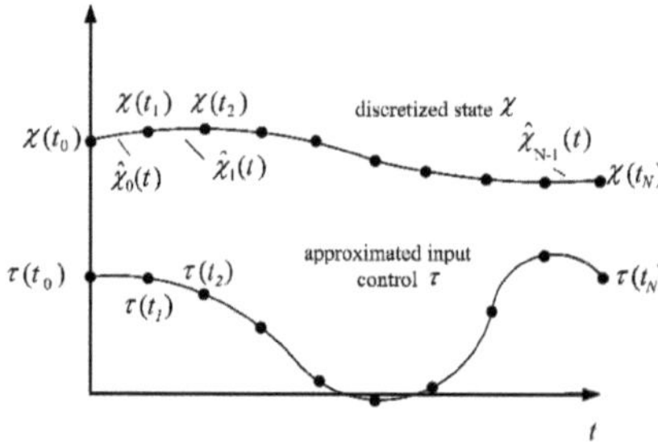

Fig. 1-4: Discretização dos estados utilizando funções spline por partes

Consequentemente, temos uma função spline por partes do deslocamento para cada intervalo (segmento) com quatro coeficientes determinados utilizando as **seguintes** condições de ligação e de fronteira:

- Nas grelhas de ligação interiores

$$\hat{\chi}_{k-1}(1) = \chi(t_k), \hat{\chi}_k(0) = \chi(t_k)$$

$$\dot{\hat{\chi}}_{k-1}(1) = \dot{\hat{\chi}}_k(0) , k = 1,..,N-1$$

Eq. 1-36

$$\ddot{\hat{\chi}}_{k-1}(1) = \ddot{\hat{\chi}}_k(0) , k = 1,..,N-1$$

- Nas condições de fronteira

$$\hat{\chi}_1(0) = \chi(t_0), \dot{\hat{\chi}}_1(0) = \dot{\chi}(t_0), \hat{\chi}_{N-1}(1) = \chi(t_N), \dot{\hat{\chi}}_{N-1}(1) = \dot{\chi}(t_N) \qquad \textbf{Eq. 1-37}$$

Todos os coeficientes das funções spline por partes podem ser determinados se os deslocamentos do sistema alvo forem conhecidos nas grelhas e as derivadas destes deslocamentos forem conhecidas nas condições de fronteira. A partir da **Eq. 1-35**temos $4N$ coeficientes desconhecidos de todas as funções splines. Estes coeficientes devem satisfazer as $4N - 4$ condições da **Eq. 1-36** e quatro condições da **Eq. 1-37**portanto, todas as condições são satisfeitas. De acordo com o exposto, os parâmetros de projeto que devem ser optimizados são os deslocamentos dos pontos da grelha, bem como as suas derivadas apenas nas condições de fronteira.

A formulação da otimização baseada em splines por partes pode ser descrita como

Determinar:

$$\boldsymbol{d} = [\chi(t_0), \dots, \chi(t_N), \dot{\chi}(t_0), \dot{\chi}(t_N)] \qquad \textbf{Eq. 1-38}$$

Minimizar utilizando a regra composta de 1/3 de Simpson [Cha08]:

$$\sigma = \frac{(t_f - t_0)}{3N}\left(\sigma(\chi(t_0), \dot{\chi}(t_0)) + 4 \sum_{i=1,3,5}^{N-1} \sigma(\chi(t_i), \dot{\chi}(t_i)) \right.$$
$$\left. + 2 \sum_{j=2,4,6}^{N-2} \sigma(\chi(t_j), \dot{\chi}(t_j)) + \sigma(\chi(t_N), \dot{\chi}(t_N)) \right) \qquad \textbf{Eq. 1-39}$$

Sujeito a:

$$\ddot{\chi}(t_k) = \dot{\chi}(t_k) - \chi(t_k) + \tau(t_k) \qquad , k = 0,.., N \qquad \textbf{Eq. 1-40}$$

$$\chi(t_0) = 0.231$$
$$\qquad \textbf{Eq. 1-41}$$
$$\dot{\chi}(t_0) = 1.126$$

$$\ddot{\chi}(t_k) - \dot{\chi}(t_k) + \chi(t_k) \geq -0.8, \qquad \ddot{\chi}(t_k) - \dot{\chi}(t_k) + \chi(t_k) \leq -0.8$$
$$\qquad \textbf{Eq. 1-42}$$
$$, k = 0,.., N$$

Como se vê, as restrições são satisfeitas apenas nos pontos da grelha e não em todos os eixos temporais; por conseguinte, o problema de otimização direta é designado por controlo subóptimo. Além disso, pode perguntar-se qual é o papel da função spline na discretização; porque é que o analista gera diretamente dados de amostragem para os deslocamentos. De facto, duas tarefas fundamentais são implementadas por funções spline que são (i) determinar a velocidade e a aceleração dos sistemas nos pontos interiores da grelha e (ii) para o movimento condicionado de sistemas robóticos, o analista só precisa de satisfazer a restrição de posição em vez das suas duas primeiras derivadas para garantir a continuidade da velocidade e da aceleração; como se observa na **Eq. 1-36**.

1.2.1.2 Discretização baseada em diferenças finitas

A abordagem de diferenças finitas pode ser implementada e programada mais facilmente do que a discretização baseada em spline cúbico. Começa-se por discretizar o deslocamento em segmentos equidistantes, como se faz no spline cúbico. Depois, a velocidade e a aceleração em cada ponto da grelha podem ser determinadas (ver **Fig. 1-5**)

$$\dot{\chi}(t_k) = (\chi(t_{k+1}) - \chi(t_{k-1}))/2.\Delta t \qquad , k = 0,.., N \qquad \textbf{Eq. 1-43}$$

$$\ddot{\chi}(t_k) = (\chi(t_{k+1}) - 2\chi(t_k) + \chi(t_{k-1}))/\Delta t^2 \quad , k = 0,.., N \qquad \textbf{Eq. 1-44}$$

A formulação da otimização baseada em diferenças finitas é a mesma que a da otimização baseada em splines (**Eq. 1-38** a **Eq. 1-42**).

Tanto quanto sabemos, a discretização baseada em diferenças finitas tem sido raramente utilizada na literatura; foi referida por [Wan06].

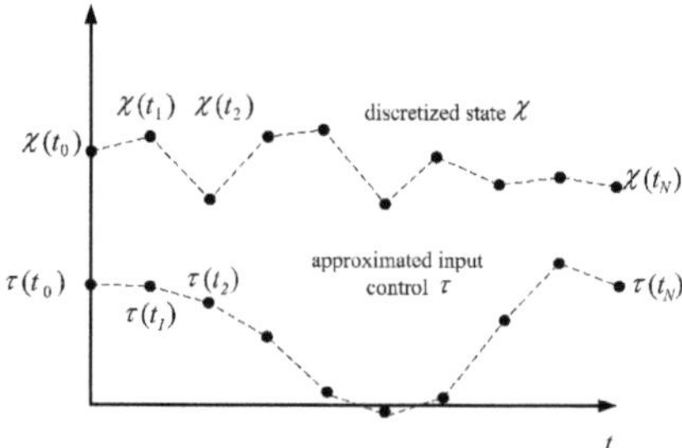

Fig. 1-5: Discretização dos estados do sistema utilizando a abordagem das diferenças finitas

1.2.2 Otimização de parâmetros

O controlo ótimo direto depende do princípio (discretizar e depois otimizar); por conseguinte, o papel da programação não linear surge fundamentalmente após o processo de discretização. Segue-se uma breve descrição das técnicas de otimização mais importantes utilizadas para problemas de otimização com e sem restrições.

1.2.2.1 O SQP

O algoritmo SQP representa o estado da arte da programação não linear [Mat11]. É um método poderoso para resolver problemas de otimização condicionada com diferentes restrições, como o problema descrito na **Eq. 1-7** para **Eq. 1-10**. Como mostra a **Fig. 1-6**a implementação do SQP consiste em três fases principais: atualização da matriz Hessiana, solução de subproblemas de programação quadrática, e pesquisa de linhas e função de mérito. Para mais pormenores sobre os fundamentos matemáticos do SQP, consultar [Fle87].

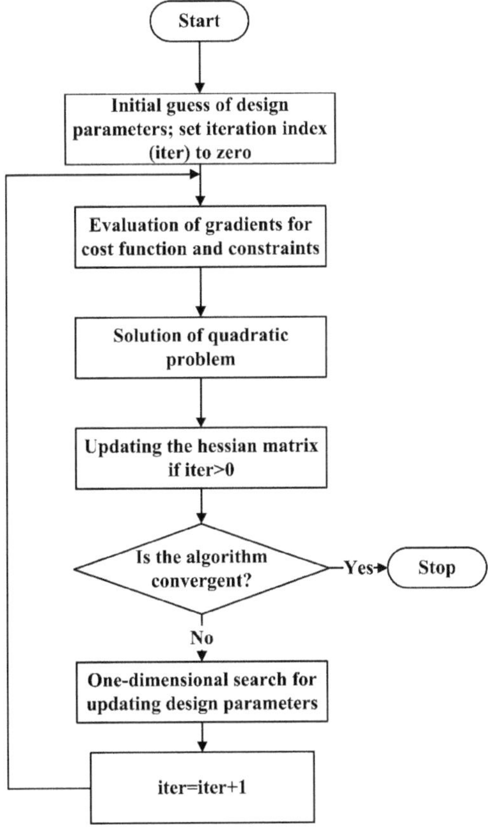

Fig. 1-6: Fluxograma do algoritmo SQP [Fle87] . A convergência do algoritmo significa que a solução capta os parâmetros óptimos necessários.

O software MATLAB fornece uma rotina útil denominada *fmincon* para encontrar o ótimo de uma função multivariável não linear com restrições. Este comando permite resolver diferentes algoritmos, nomeadamente: algoritmo de confiança-região-reflexo, algoritmo de conjunto ativo, algoritmo de ponto interior e algoritmo SQP; para mais informações, consultar [Mat11].

A desvantagem dos métodos de otimização tradicionais, por exemplo, SQP, é que a solução final de um problema de otimização depende da estimativa inicial das variáveis de conceção; a solução final pode ficar presa no ótimo local [Vun10]. Por conseguinte, devem ser testadas diferentes hipóteses iniciais para evitar o que precede. A computação flexível, como o algoritmo genético (GA), pode resolver o problema acima referido; trata-se de um optimizador global que encontra o ótimo global.

1.2.2.2 A AG

O AG é um método evolutivo para resolver os problemas de otimização com e sem restrições, baseado no princípio da seleção natural de Darwin. Resumidamente, o AG seleciona aleatoriamente indivíduos das populações actuais (pais) para gerar novas soluções filhas (solução óptima candidata). Ao longo de gerações sucessivas, as populações de soluções aproximam-se da solução óptima [Mat11]. O ciclo de funcionamento do AG pode ser descrito a seguir [Mat11]; ver **Fig. 1-7**.

O AG, tal como outros métodos de otimização convencionais, começa por definir as variáveis de conceção e a função de custo do problema-alvo, e termina com a verificação da convergência. No entanto, o AG segue um caminho bastante diferente do dos métodos de otimização convencionais. Os pormenores podem ser brevemente explicados a seguir.

- Depois de selecionar a função de custo e as variáveis de conceção, as populações de soluções iniciais são geradas aleatoriamente.
- A função de custo (valor de aptidão) de cada população de soluções é determinada para reordenar estas populações de acordo com a sua aptidão e os esquemas de reprodução seguintes.
- Seleção das melhores populações em função da sua aptidão. Com efeito, existem vários esquemas de reprodução, como a seleção por roleta, a seleção por torneio, a seleção por classificação, etc.
- O acasalamento consiste na criação de filhos (descendentes) a partir da população de pares selecionada. O cruzamento é selecionado aleatoriamente entre os pais acasalados para trocar as suas propriedades e criar uma nova solução de filhos. Estão disponíveis diferentes estratégias de cruzamento: cruzamento de ponto único, cruzamento de dois pontos, cruzamento de vários pontos, etc.
- Em seguida, aplica-se a mutação, uma pequena mudança de parâmetro, para os filhos resultantes; isto é necessário para sair do ótimo local e saltar para o global.
- Após a criação de uma nova geração da população de soluções, é necessário verificar a convergência da solução para terminar ou continuar a solução, escolhendo um dos critérios de convergência: número máximo de gerações, limite de tempo, etc.

1.2.2.3 Algoritmo híbrido

O algoritmo GA pode ser lento a encontrar o ótimo; por isso, os investigadores melhoraram a sua capacidade combinando-o com um optimizador local para acelerar o problema de otimização e suavizar os resultados obtidos com o GA (ver **Fig. 1-8**).

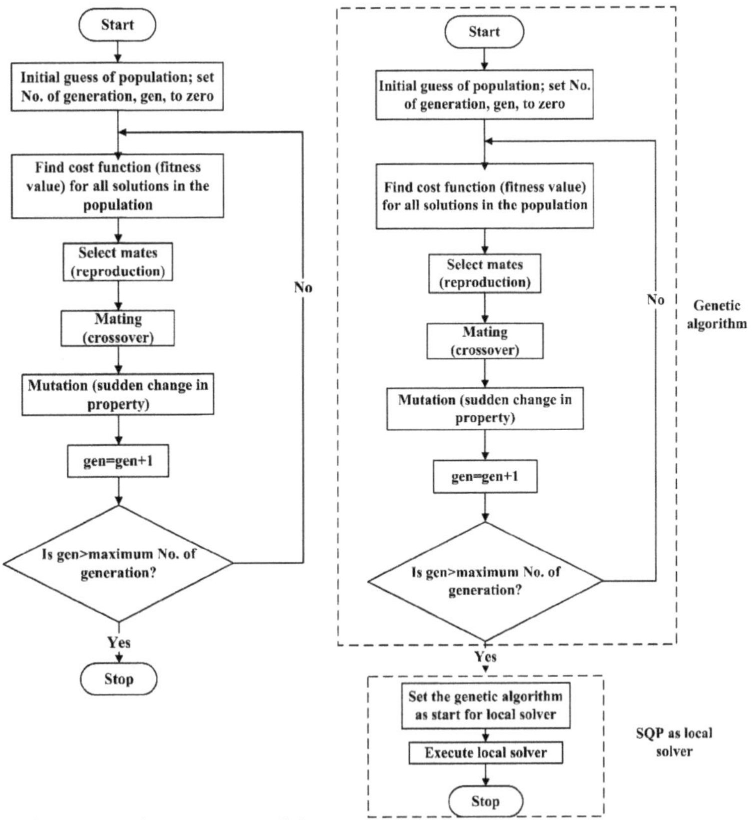

Fig. 1-7: Fluxograma da estrutura geral do AG

Fig. 1-8: Fluxograma da estrutura geral do AG híbrido

1.2.3 Exemplo motivador

Para obter informações sobre a dinâmica inversa e a otimização baseada na dinâmica direta, resolvemos o problema de otimização simples descrito na subsecção 1.2.1.1 (**Eq. 1-27** a **Eq. 1-30**) utilizando diferentes opções. Em primeiro lugar, o tempo de simulação, as restrições e as condições de otimização são avaliados utilizando uma discretização baseada em diferenças finitas e splines com o algoritmo SQP. Em segundo lugar, o disparo único é adotado como uma abordagem de otimização baseada na dinâmica progressiva para resolver o problema-alvo com a abordagem numérica Runge-Kutta. Em terceiro lugar, as diferentes técnicas de otimização de parâmetros, SQP, GA, GA-SQP híbrido, são comparadas em termos de tempo de simulação e da função objetivo obtida, ver **Tab. -13**. Os resultados podem ser classificados da seguinte forma

- Discretização baseada em splines vs. diferenças finitas

Fig. 1-9 resume os resultados dos dois métodos de discretização mencionados, utilizando o SQP; descreve o número de iterações necessárias para chegar à solução óptima, o valor da função objetivo, a restrição máxima (viabilidade), que deve ser aproximadamente zero na iteração final, e a optimalidade de primeira ordem, que também deve ser zero no final para atingir a optimalidade. Pode notar-se que a discretização por diferenças finitas pode dar um desempenho ligeiramente melhor no que diz respeito ao tempo de simulação e ao valor das funções objetivo (ver **Tab. 1-3** e **Fig. 1-9**). O histórico do controlo de entrada é o controlo bang-bang, a diferença finita e a otimização baseada em splines podem dar uma aproximação razoável, como se mostra na **Fig. 1-10**.

Tab. 1-3: Tempo de simulação de SQP, GA, GA-SQP híbrido baseado na discretização por diferenças finitas

Método de otimização dos parâmetros	Método de discretização	Tempo de simulação [s]	Desvio da função objetivo (valor absoluto)
SQP	estriado	0.55	0.3384
SQP	Diferença finita	0.07	0.2728
SQP	Disparo único	0.08	0.0925
AG	Diferença finita	1.60	0.2438
GA-SQP híbrido	Diferença finita	1.7	0.2728

- Otimização baseada na dinâmica direta vs. dinâmica inversa

De **Fig. 1-11 e Tab. 1-3**pode-se ver que o método de disparo único pode oferecer um desempenho ligeiramente melhor do que a otimização baseada em diferenças finitas no que diz respeito à função objetivo. No entanto, convém recordar que o sistema dinâmico alvo tem uma matriz de massa idêntica; no caso de uma matriz de massa diferente de zero, a superioridade da diferença finita pode ser facilmente reconhecida. Os dois métodos têm o mesmo histórico de controlo de entrada, como se pode ver na **Fig. 1-10**.

- O AG e o AG-SQP híbrido

Embora o AG possa obter um ótimo global, é computacionalmente extenso. Como se pode ver na **Fig. 1-12**a solução óptima dos sistemas dinâmicos pode ser obtida a partir da segunda tentativa (geração), satisfazendo a restrição máxima com o tempo de simulação mais longo de 1,600219 [seg], entre outras técnicas de otimização. Um dos problemas difíceis inerentes ao AG é a seleção dos parâmetros ideais do AG, tais como o tamanho da população, a probabilidade de cruzamento e a probabilidade de mutação; depende do problema e devem ser efectuadas várias tentativas para ajustar estes parâmetros. No entanto, dependemos da definição por defeito do comando *ga* do MATLAB; para mais informações, consulte [Mat11]. É de notar que **Tab. 1-3** que o AG pode aproximar-se mais da função objetivo do que os outros métodos, exceto o método do tiro único; além disso, se utilizarmos ainda o SQP para a solução final do AG (AG-SQP híbrido), a solução aproximar-se-á do ótimo obtido anteriormente pelo SQP.

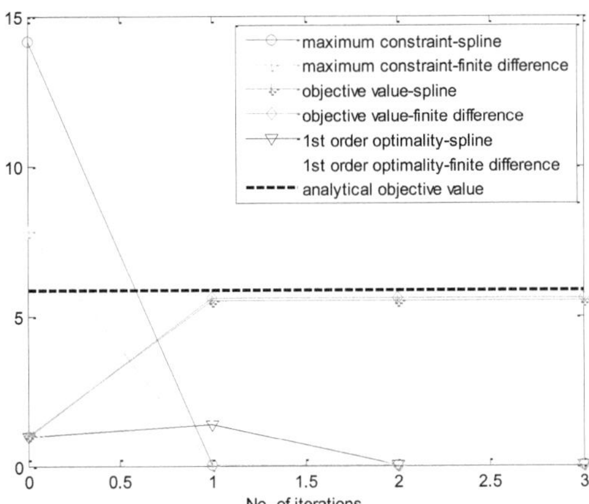

Fig. 1-9: Controlo ótimo computacional utilizando uma discretização baseada em diferenças finitas e splines

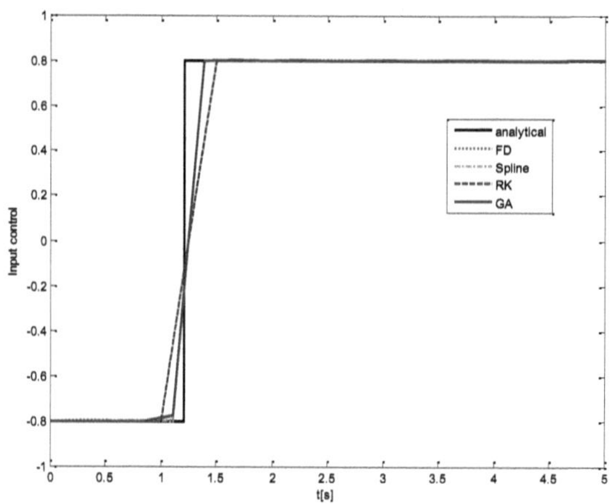

Fig. 1-10: Histórico do controlo das entradas para diferentes técnicas de otimização

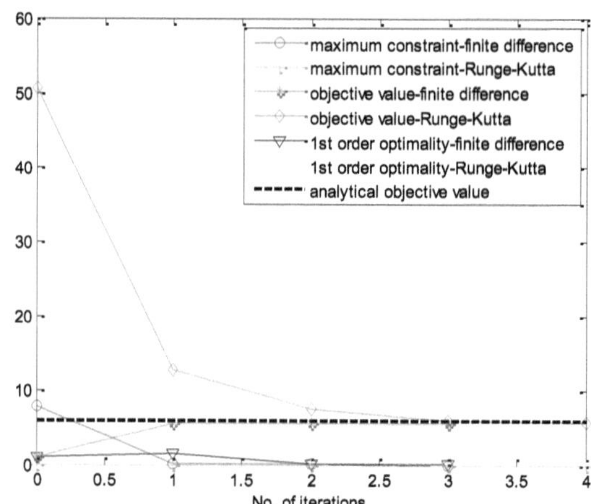

Fig. 1-11: Controlo ótimo computacional para o método das diferenças finitas e do disparo único utilizando o SQP

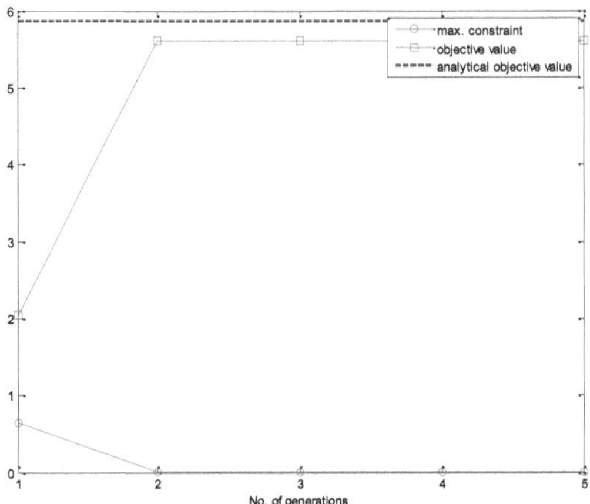

Fig. 1-12: Controlo computacional ótimo utilizando o AG

1.3 O efeito de vários constrangimentos impostos no índice de desempenho da locomoção bípede durante o SSP

Nesta secção, foram investigados sete casos simulados com restrições impostas de forma diferente para compreender o comportamento ótimo da locomoção bípede sob estas restrições; todos estes casos foram realizados durante a SSP. Para mais pormenores sobre os DOFs e a modelação dinâmica desta fase da marcha, ver Capítulo 4 de [Hay14]. **Tab. 1-4** apresenta os parâmetros físicos utilizados para a simulação do bípede alvo.

Tab. 1-4: Parâmetros físicos do robot bípede [Van08]

$m_i\,[kg]$	$m_1 = 2.05, m_2 = 3.61, m_3 = 3.69, m_4 = 10.3, m_5 = 3.66, m_6 = 3.53, m_7 = 2.05$
$I_i\,[kg.m^2]$	$I_1 = 0.016, I_2 = 0.06, I_3 = 0.062, I_4 = 0.145, I_5 = 0.06, I_6 = 0.058, I_7 = 0.016$
$l_i\,[m]$	$l_1 = 0.3, l_2 = 0.45, l_3 = 0.45, l_4 = 0.45, l_5 = 0.45, l_6 = 0.45, l_7 = 0.45, l_{1a} = 0.2 = l_{7a}$
$d_i\,[m]$	$d_1 = 0.073, d_2 = 0.26, d_3 = 0.261, d_4 = 0.2, d_5 = 0.189, d_6 = 0.192, d_7 = 0.073$

1.3.1 Modelação dinâmica

Como foi dito anteriormente, durante o SSP o robot bípede constitui um mecanismo de cadeia aberta; por conseguinte, **a Eq. 4-2** de [Hay14] pode descrever a sua resposta dinâmica.

1.3.1.1 Restrições e índice de desempenho

Esta secção identifica as restrições necessárias que podem garantir uma locomoção bípede viável, como se segue:

1.3.1.1.1 Condições de fronteira

- Configuração inicial da perna oscilante:

$$x_{B_{7f}}(t_0) + L_{step} = 0,\ \dot{x}_{B_{7f}}(t_0) = 0,\ y_{B_{7f}}(t_0) = 0\ ,\ \dot{y}_{B_{7f}}(t_0) = 0 \qquad \text{Eq. 1-45}$$

- Configuração final da perna oscilante:

$$x_{B_{7a}}(t_{N_1}) - L_{step} = 0,\ \dot{x}_{B_{7a}}(t_{N_1}) = 0\ ,\ y_{B_{7a}}(t_{N_1}) = 0,\ \dot{y}_{B_{7a}}(t_{N_1}) = 0 \qquad \text{Eq. 1-46}$$

em que N_1 refere-se ao número de divisões de deslocamentos segmentados durante o SSP; todas as outras notações são apresentadas na **Fig. 1-13**.

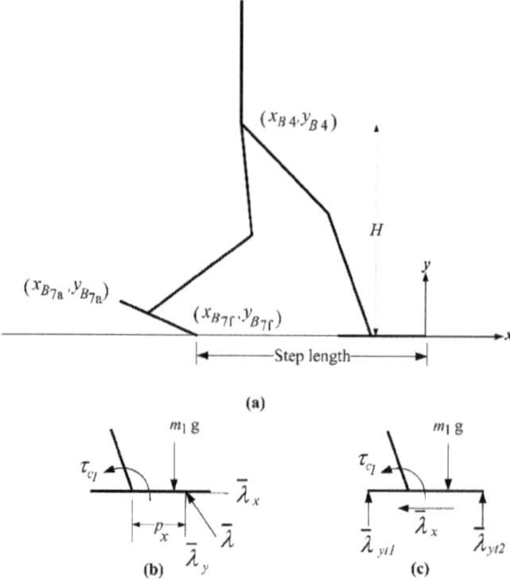

Fig. 1-13: Configuração do robot bípede durante a SSP com a descrição do ZMP

1.3.1.1.2 Restrições da via

- Movimento da anca:

$$\dot{x}_{B_4}(t_k) > 0\ \ ,\ k = 0,\dots,N_1 \qquad \text{Eq. 1-47}$$

$$h_{min} \le y_{B_4}(t_k) \le h_{max}\ ,\qquad k = 0,\dots,N_1 \qquad \text{Eq. 1-48}$$

- Movimento do pé oscilante:

$$0.01[m] \leq y_{B_{7f}}(t_k), k = 1, \dots, N_1 - 1 \qquad \text{Eq. 1-49}$$

$$0.01[m] \leq y_{B_{7a}}(t_k), k = 1, \dots, N_1 - 1 \qquad \text{Eq. 1-50}$$

- Deslocação relativa das articulações do joelho e do tornozelo em balanço:

$$5^0 \times \frac{pi}{180^0} \leq q_3(t_k) - q_2(t_k) \leq \frac{pi}{2}, k = 0, \dots, N_1$$

$$5^0 \times \frac{pi}{180^0} \leq q_5(t_k) - q_6(t_k) \leq \frac{pi}{2}, k = 0, \dots, N_1 \qquad \text{Eq. 1-51}$$

$$5^0 \times \frac{pi}{180^0} \leq q_7(t_k) - q_6(t_k) \leq 175^0 \times \frac{pi}{180^0}, k = 0, \dots, N_1$$

- Restrição ZMP:

A noção de ZMP foi discutida em pormenor na subsecção 2.3.1 de [Hay14]. Como já foi referido, o critério (restrição) ZMP pode ser descrito utilizando **a Eq. 2-12** de [Hay14], altamente não linear, ou a formulação de baixo cálculo da **Eq. 2-14** de [Hay14]. Uma vez que esta última equação negligencia a massa do pé de apoio, **Eq. 1-52** é mais exacta do que a primeira.

$$\tau_{c1}(t_k) + \bar{\lambda}_y(t_k)\, p_x(t_k) - m_1 g(l_{1a} - d_6) = 0$$

$$p_x(t_k) = (m_1 g\,(l_{1a} - d_6) - \tau_{c1}(t_k))/\bar{\lambda}_y(t_k), k = 0, \dots, N_1 \qquad \text{Eq. 1-52}$$

Assim, a restrição associada necessária é

$$-l_1 \leq p_x(t_k) \leq 0, \qquad k = 0, \dots, N_1 \qquad \text{Eq. 1-53}$$

com todas as notações indicadas na **Fig. 1-13.**

Além disso, devem ser satisfeitas as seguintes restrições (contacto unilateral) das forças de reação

$$-\bar{\lambda}_y(t_k) < 0\,, k = 0, \dots, N_1$$

$$-\bar{\lambda}_x - \mu\bar{\lambda}_y(t_k) < 0,\ k = 0, \dots, N_1 \qquad \text{Eq. 1-54}$$

$$\bar{\lambda}_x - \mu\bar{\lambda}_y(t_k) < 0, \qquad k = 0, \dots, N_1$$

com μ refere-se ao coeficiente de atrito (aqui considerado 0,5).

Observação 1-4. Há uma técnica alternativa usada por [Seg05] para evitar **as Eqs. 2-12 e Eq. 1-52**. Assume-se que as forças de reação do solo podem ser representadas de forma equivalente por duas forças normais $\bar{\lambda}_{y_{t1}}, \bar{\lambda}_{y_{t2}}$ aplicadas nos pontos finais (pontas) do pé, com uma força horizontal a atuar na sola, como se mostra na **Fig. 1-13 (c)**. Assim, as condições que devem ser satisfeitas são

$$-\bar{\lambda}_{y_{t1}}(t_k) < 0 \, , k = 0,..,N_1$$

$$-\bar{\lambda}_{y_{t2}}(t_k) < 0, k = 0,..,N_1$$

Eq. 1-55

$$-\bar{\lambda}_x(t_k) - \mu(\bar{\lambda}_{y_{t1}}(t_k) + \bar{\lambda}_{y_{t2}}(t_k)) < 0, k = 0,..,N_1$$

$$\bar{\lambda}_x(t_k) - \mu(\bar{\lambda}_{y_{t1}}(t_k) + \bar{\lambda}_{y_{t2}}(t_k)) < 0, k = 0,..,N_1$$

Eq. 1-56

1.3.1.1.3 Restrições limitadas

$$-q_{min} \leq q(t_k) \leq q_{max}, k = 0,..,N_1$$

$$\dot{q}_{min} \leq \dot{q}(t_k) \leq \dot{q}_{max}, k = 0 \text{ and } N_1$$

Eq. 1-57

1.3.1.1.4 Índice de desempenho (função objetivo)

Em geral, existem vários índices de desempenho que podem ser utilizados em função do objetivo do projetista. Se for necessário o mínimo de energia, a literatura prefere o custo do binário de acionamento ao custo energético devido aos problemas de instabilidade deste último. Se o projetista pretender concentrar-se na melhor estabilidade do mecanismo bípede, o desvio mínimo do ZMP pode ser utilizado como função de custo [Vun10]. Esta última referência utilizou a função de custo combinada da soma do desvio do ZMP e da energia mínima. No entanto, pode simplesmente tratar o ZMP como uma restrição e tratar a energia mínima como função de custo. De qualquer forma, escolhemos os binários de acionamento como uma função de custo a ser minimizada.

$$\sigma = \int_{t0}^{tf} \tau^T \tau \, dt = \sum_{k=0}^{N_1-1} \tau_k^T \tau_k . \Delta t$$

Eq. 1-58

De facto, **Eq. 1-58** pode ser integrada numericamente usando a regra do 1/3 de Simpson composta descrita na **Eq. 1-39**.

1.3.1.2 Os estudos de casos simulados

Tab. 1-5 descreve os sete estudos de caso simulados com restrições especificadas.

Tab. 1-5: Os sete estudos de caso simulados com restrições especificadas

Estudo de caso	Descrição	Restrições adicionadas
1	O robot bípede está sujeito às restrições (**Eq. 1-45** a **Eq. 1-51**, **Eq. 4-12** de [Hay14], **Eq. 1-54**, **Eq. 1-57**) com rotação do pé.	—
2	Os mesmos condicionalismos do caso 1, mas com o pé ao nível do chão.	$q_7(t_k) = pi$ $k = 0,..,N_1$
3	Os mesmos condicionalismos do caso 1, mas com a altura da anca constante.	$y_{B_4}(t_k) = \overline{H}$ $k = 0,..,N_1$
4	Os mesmos condicionalismos do caso 1, mas com uma altura inferior da anca.	$y_{B_4}(t_k) = H_l$ $k = 0,..,N_1$
5	Os mesmos condicionalismos do caso 1, mas com o comprimento da coxa = 1,25 comprimento da haste.	—
6	Os mesmos condicionalismos do caso 1, mas com o comprimento da haste = 1,25 comprimento da coxa.	—
7	Os mesmos condicionalismos do caso 1, mas com etapas mais longas.	—

1.3.2 Discretização e otimização de parâmetros

Em geral, a formulação da otimização baseada em diferenças finitas para a locomoção de bípedes durante o SSP pode ser descrita da seguinte forma:

Determinar:

$$d = [q^T(t_0), \ldots, q^T(t_{N_1}), \dot{q}^T(t_0), \dot{q}^T(t_{N_1})]^T \qquad \text{Eq. 1-59}$$

Minimizar: **Eq. 1-58**

Sujeito a:

$$M\big(q(t_k)\big)\ddot{q}(t_k) + C\big(q(t_k), \dot{q}(t_k)\big)\dot{q}(t_k) + g\big(q(t_k)\big) = A\tau(t_k)$$

$$\text{Eq. 1-60}$$

com $k = 0,..,N_1$

Para além das restrições ilustradas na **Eq. 1-45** a **Eq. 1-51**e **Eq.** 4-12, **Eq. 1-54**, **Eq. 1-57**. A velocidade $\dot{q}(t_k)$ e a aceleração $\ddot{q}(t_k)$ em cada ponto da grelha podem ser determinadas utilizando a **Eq. 1-43** e **Eq. 1-44**.

A formulação acima pertence ao estudo de caso 1, ao passo que para os outros estudos de caso devem ser acrescentadas outras restrições, conforme indicado no **Tab. 1-5**. Por outro lado, os métodos de otimização de parâmetros descritos na Subsecção 1.2.2 podem ser efectuados com êxito.

1.4 Planeamento sub-ótimo da trajetória de um robô bípede durante um ciclo de marcha completo

Um dos problemas encontrados na análise do planeamento e controlo da trajetória de um robô bípede é a descontinuidade dos binários de acionamento/forças de reação no solo em instâncias de transição (da fase de apoio simples SSP para a fase de apoio duplo DSP e vice-versa, doravante designada por SSP/DSP/SSP). Este problema ocorre devido à variação da configuração do robot bípede de mecanismo de cadeia aberta para mecanismo de cadeia fechada e vice-versa. A literatura [Bes05, Seg05] mostra que este problema pode ainda existir apesar de se assumirem estados iguais (deslocamento angular, velocidade e aceleração) nas instâncias de transição. Por conseguinte, esta secção centra-se na solução da descontinuidade dos binários de acionamento/forças de reação no solo, garantindo estados contínuos e utilizando um planeamento de trajetória subóptimo.

Nesta secção, propomos o padrão de marcha 2 referido na **Fig. 2-1** de [Hay14] porque tem uma configuração simples durante o DSP. Durante a SSP, o robot bípede comporta-se como um mecanismo de cadeia aberta, pelo que a equação dinâmica Lagrangiana governada pode ser escrita como na **Eq. 4-2** de [Hay14]. Durante a DSP, a configuração do mecanismo bípede muda e, portanto, a equação dinâmica Lagrangiana restrita durante esta fase é descrita pelas **Eqs. 4-19** e **4-20** de [Hay14]. Durante esta fase, o robot bípede sofre uma sobre-atuação porque os seus DOFs se reduzem a 5 DOFs (3 DOFs para a anca e 2 DOFs para os dois pés). Consequentemente, existem dois binários de acionamento redundantes. Como já foi referido, o número de coordenadas generalizadas n_q do bípede muda de 6 para 7 e, consequentemente, a matriz de mapeamento dos binários de acionamento também muda. Uma das soluções possíveis para o sistema bípede sobre-actuado durante o DSP foi descrita na **Eq. 4-40** de [Hay14]; no entanto, os seguintes pontos devem ser observados:

- Este método não pode garantir a transição suave e a continuidade dos binários de acionamento/forças de reação no solo nas instâncias de transição (SSP/DSP/SSP) porque a solução proposta (**Eq. 4-40** de [Hay14]) é uma solução óptima selecionada a partir de infinitas soluções possíveis. Por conseguinte, os valores iniciais e finais dos binários de acionamento/forças de reação no solo não podem coincidir com os da SSP nas instâncias de transição.

- A partir da **Eq. 4-39** de [Hay14], nota-se que, apesar da suposição de estados iguais nas instâncias de transição, a descontinuidade pode ocorrer porque a estrutura da matriz de mapeamento A muda durante esta fase.

1.4.1 Modelação dinâmica

A modelação dinâmica da locomoção bípede durante a SSP foi descrita na Secção 1.3. Relativamente à locomoção do bípede durante o DSP, podem ser considerados dois casos.

- Caso descontínuo

É o caso descrito na subsecção 4.2.1.3. Simulámos este caso para efeitos comparativos. As equações dinâmicas durante o DSP podem ser descritas na **Eq. 4-40** de [Hay14].

- Caso contínuo

Uma vez que o robô bípede não tem uma solução única durante o DSP, assumimos uma função de transição linear para as forças de reação do pé da frente ao solo, tal como descrito na Subsecção 4.2.1.3 de [Hay14].

1.4.1.1 Restrições cinemáticas e dinâmicas

Durante a PUP, foram impostas exatamente as mesmas restrições descritas para o estudo de caso 1 (secção 5.3). Durante a DSP, podiam ser impostas as seguintes restrições:

- Condições de fronteira

As condições de fronteira da configuração do bípede durante o DSP são as mesmas que as do SSP; por conseguinte, os estados nas instâncias de fronteira estão disponíveis sem otimização.

- Restrições da via

A malha de fecho da configuração condicionada do bípede pode ser descrita como na **Eq. 4-20** de [Hay14]; no entanto, a primeira e a segunda diferenciação são necessárias para satisfazer a continuidade de segunda ordem,

$$J(t_k)\dot{q}(t_k) = \mathbf{0} \ , k = N_1 + 1, N_1 + 2, ..., N_2 - 1$$

$$\dot{J}(t_k)\dot{q}(t_k) + J(t_k)\ddot{q}(t_k) = \mathbf{0}, k = N_1 + 1, N_1 + 2, ..., N_2 - 1$$

Eq. 1-61

em que N_2 é o número de discretizações para um ciclo completo de marcha

- Restrição ZMP

A Eq. 2-12 pode ser usada para indicar a estabilidade/equilíbrio do robô bípede durante o DSP; no entanto, não há garantia de que a trajetória ZMP se mova uniformemente (linearmente) do pé traseiro para o dianteiro. Uma solução possível é impor que a trajetória ZMP se mova linearmente, como ilustrado na **Eq. 1-62**.

$$p_x = \rho_1 t + \rho_2 \qquad\qquad\qquad \textbf{Eq. 1-62}$$

com ρ_1 e ρ_2 referem-se a coeficientes constantes obtidos a partir das condições de fronteira.

- Para além das restrições impostas pela **Eq. 1-47, Eq. 1-48, Eq. 1-51, Eq. 1-57**.

1.4.2 Discretização e otimização de parâmetros

A formulação da otimização baseada em diferenças finitas da locomoção bípede durante a SSP foi descrita anteriormente. Já para os dois casos simulados do DSP, as formulações da otimização baseada em diferenças finitas podem ser descritas da seguinte forma:

$$\text{Determinar: } \boldsymbol{d} = [\boldsymbol{q}^T(t_{N_1+1}), \dots, \boldsymbol{q}^T(t_{N_2-1}), \dot{\boldsymbol{q}}^T(t_{N_1+1}), \dots, \dot{\boldsymbol{q}}^T(t_{N_2-1}),$$
$$\ddot{\boldsymbol{q}}^T(t_{N_1+1}), \dots, \ddot{\boldsymbol{q}}^T(t_{N_2-1})] \qquad \textbf{Eq. 1-63}$$

$$\text{Minimizar:} \sigma = \int_{t_s}^{t_d}(\boldsymbol{\tau}^T\boldsymbol{\tau} + \boldsymbol{\lambda}^T\boldsymbol{\lambda})dt = \sum_{k=N_1}^{N_2-1}\boldsymbol{\tau}_k^T\boldsymbol{\tau}_k\cdot\Delta t + \sum_{k=N_1}^{N_2-1}\boldsymbol{\lambda}_k^T\boldsymbol{\lambda}_k\cdot\Delta t \qquad \textbf{Eq. 1-64}$$

$$\text{Sujeito a: } \boldsymbol{M}\big(\boldsymbol{q}(t_k)\big)\ddot{\boldsymbol{q}}(t_k) + \boldsymbol{C}\big(\boldsymbol{q}(t_k),\dot{\boldsymbol{q}}(t_k)\big)\dot{\boldsymbol{q}}(t_k) + \boldsymbol{g}\big(\boldsymbol{q}(t_k)\big) =$$
$$\boldsymbol{A}\boldsymbol{\tau}(t_k) + \boldsymbol{J}(t_k)^T\boldsymbol{\lambda}(t_k), \quad k = N_1 + 1, N_1 + 2, \dots, N_2 - 1 \qquad \textbf{Eq. 1-65}$$

Para além das restrições indicadas na **Eq. 1-12, Eq. 1-20, Eq. 1-47, Eq. 1-48, Eq. 1-51, Eq. 1-57, Eq. 1-61, Eq. 1-62**.

1.5 Resultados da simulação

Tendo em conta a apresentação anterior, os resultados podem ser divididos em duas categorias, como se segue:

1.5.1 O efeito das restrições no índice de desempenho da locomoção bípede durante o SSP

Os sete casos simulados descritos na **Tab. 1-5** foram investigados para efeitos de comparação. Como já foi referido, depois de converter a otimização dinâmica em otimização de parâmetros, pode ser utilizado qualquer algoritmo de PNL. A maior parte da literatura [Seg05] tem utilizado o solucionador local representado pela rotina *fmincon* para a solução da otimização de parâmetros. É de notar que este comando necessita de uma boa estimativa inicial para obter um mínimo local viável. Tentámos utilizar uma estimativa inicial arbitrária, mas não foi possível obter uma solução viável. No entanto, a marcha baseada no pêndulo invertido pode fornecer-nos uma boa estimativa inicial (os resultados da cinemática inversa foram utilizados como estimativa inicial para o problema ótimo). Por conseguinte, utilizámos esta estratégia em todos os casos investigados. Uma das desvantagens do *fmincon* é que pode ficar preso no mínimo local, pelo que foi utilizada a programação quadrática sequencial genética híbrida (*ga-fmincon*) para capturar o mínimo global, descrita na Subsecção 1.2.2.3. No entanto, obtivemos o mesmo ponto de mínimo resultante do solucionador local. Os detalhes da análise convergente do controlo ótimo computacional são apresentados na **Fig. 1-14 e Fig. 1-15**.

De **Fig. 1-16**pode notar-se que o caso 2 necessita de mais índices de desempenho (binários de acionamento) do que o caso 1 devido à restrição imposta. Nos casos 3 e 4, são necessários mais binários de acionamento se o robô bípede for obrigado a mover-se com uma altura de anca constante ou inferior. Quanto mais restrições forem impostas, mais binários de acionamento serão necessários. Por outro lado, os efeitos do comprimento da coxa e da perna foram estudados nos casos 5 e 6, mantendo o comprimento total da perna fixo e alterando a proporção da coxa e da perna. Com coxas relativamente mais longas, são necessários menos binários de acionamento. O aumento dos binários de acionamento necessários é ligeiro se o comprimento da perna for maior do que o comprimento da coxa. O último caso inclui o efeito do aumento do comprimento do passo. Para passos mais longos são necessários binários de acionamento ligeiramente superiores. O tempo decorrido em todos os casos foi considerado como 0,5 [s] enquanto o comprimento do passo foi assumido como igual a 0,4 [m] nos casos 1-6. A viabilidade dos padrões de marcha gerados é verificada através dos diagramas de bengala apresentados na **Fig. 1-17** a **Fig. 1-23**.

Como regra geral, qualquer restrição imposta ao mecanismo bípede (por exemplo, restrição do movimento do pé, do movimento da anca, etc.) pode levar ao aumento das entradas de controlo (binários do atuador) do mecanismo bípede alvo. Assim, o projetista deve ter em conta estes efeitos se pretender gerar movimento para um robot bípede.

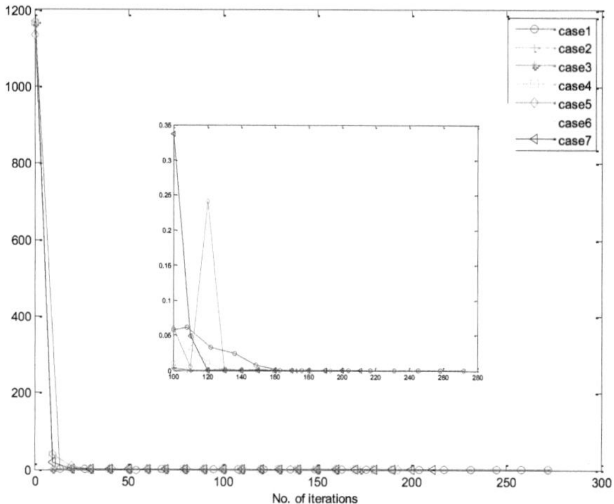

Fig. 1-14: Convergência das restrições máximas para todos os casos

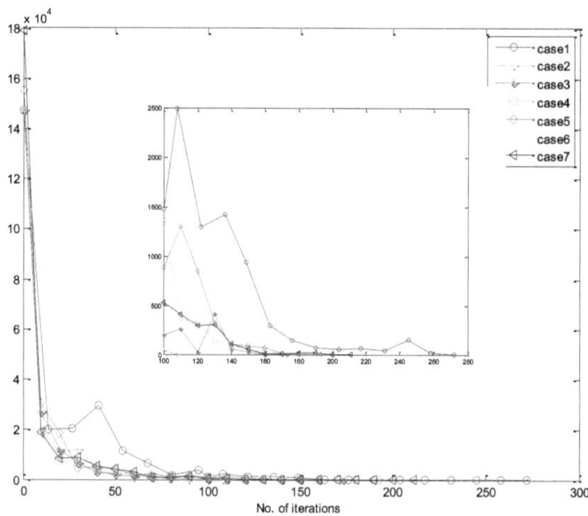

Fig. 1-15: Convergência da otimização de primeira ordem para todos os casos

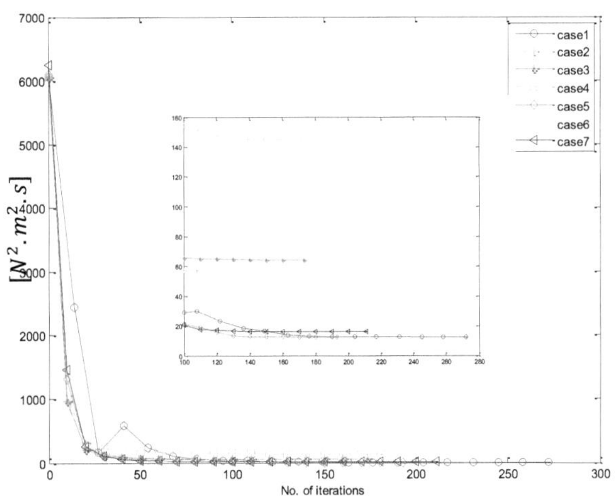

Fig. 1-16: Histórico da função objetivo para todos os casos

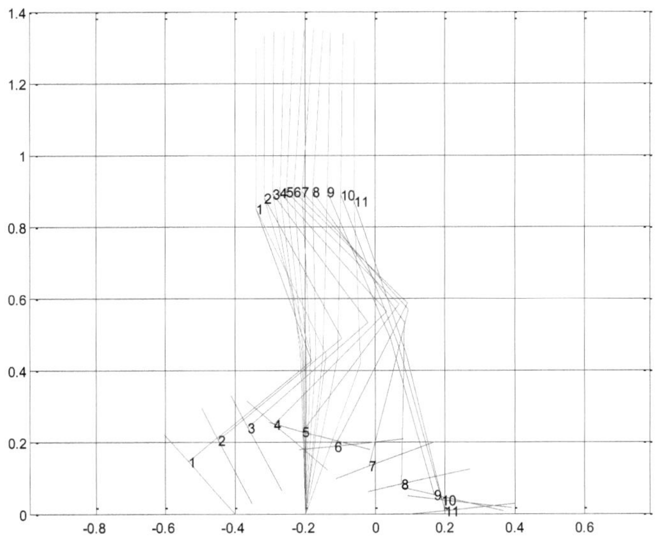

Fig. 1-17: Diagrama de vara do caso 1

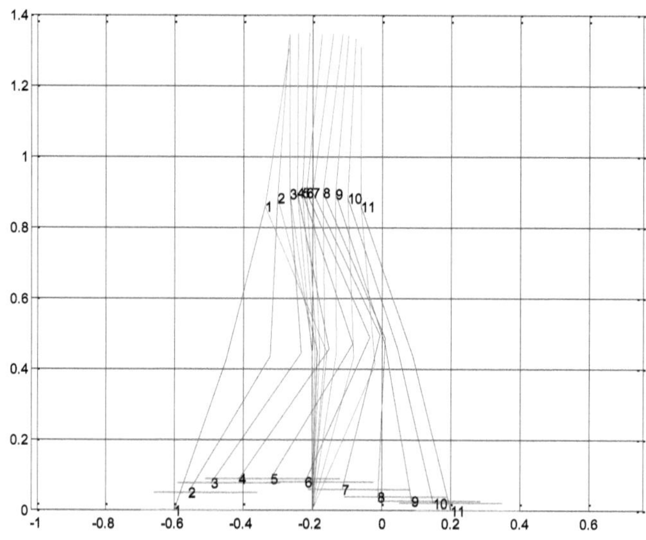

Fig. 1-18: Diagrama de vara do caso 2

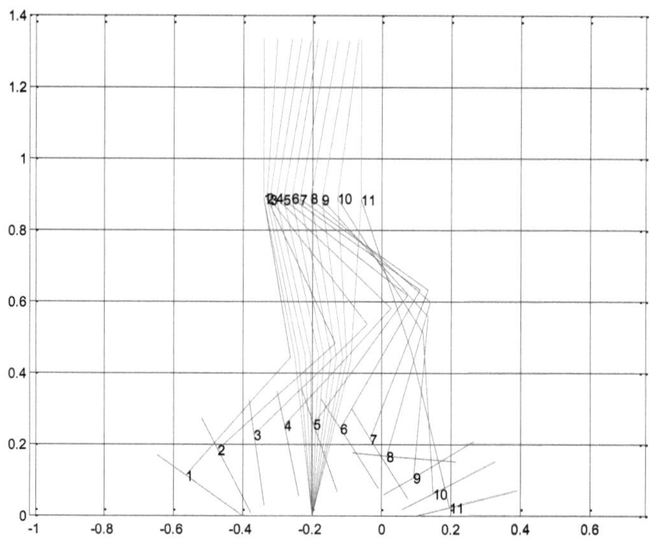

Fig. 1-19: Diagrama de vara do caso 3

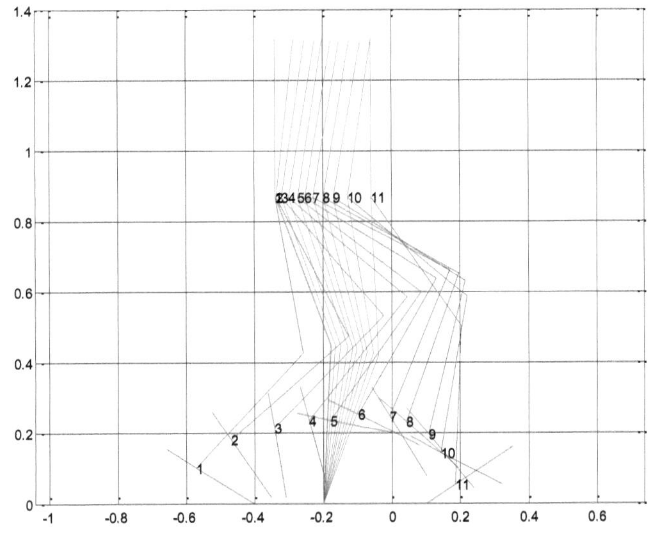

Fig. 1-20: Diagrama de vara do caso 4

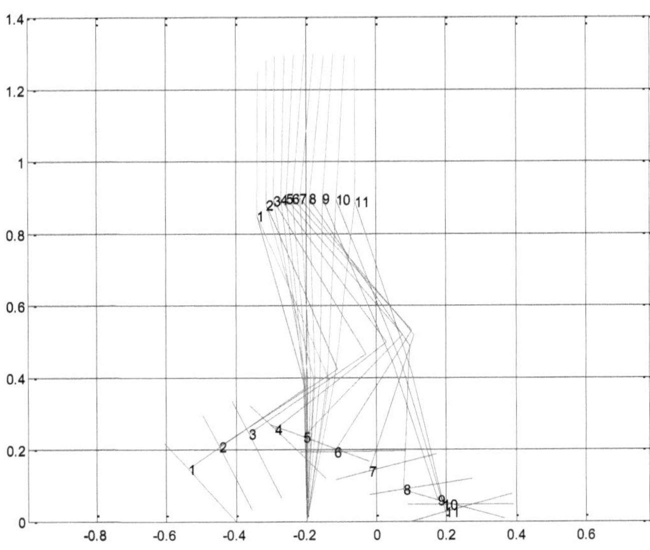

Fig. 1-21: Diagrama de vara do caso 5

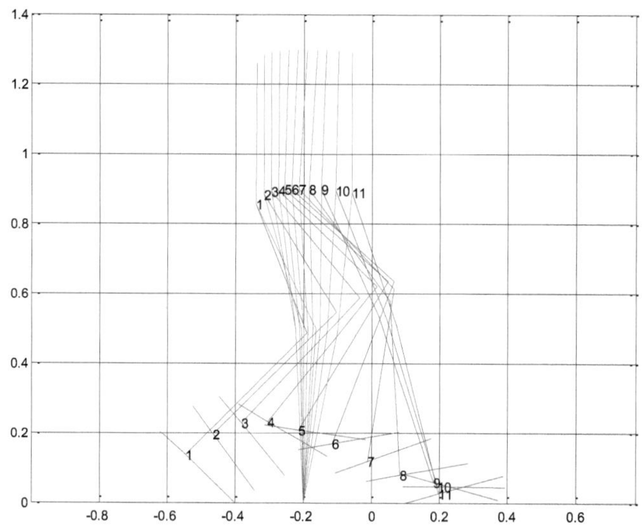

Fig. 1-22: Diagrama de vara do caso 6

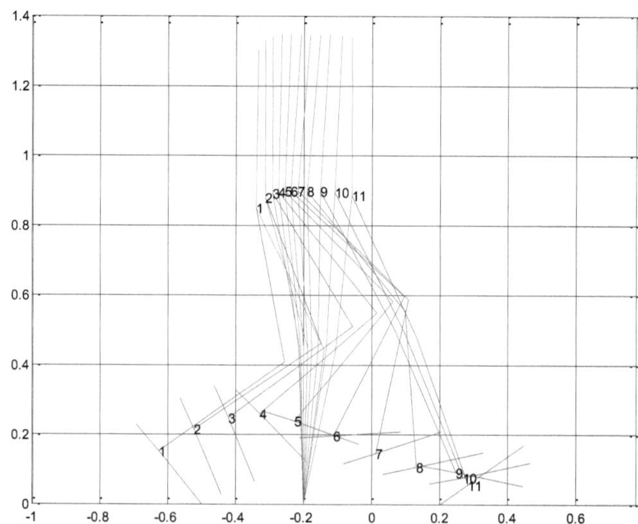

Fig. 1-23: Diagrama de vara do caso 7

1.5.2 Planeamento sub-ótimo da trajetória de locomoção bípede durante o ciclo completo da marcha

Para efeitos de simulação, foi estudado um robô bípede com sete elos. Assume-se que o tempo do passo de deslocação (t_{step}) é igual a 0,625 [s]. O tempo do SSP e do DSP pode ser calculado como $0.8 \times t_{step}$ e $0.2 \times t_{step}$ respetivamente. Consequentemente, a velocidade do passo é igual a 0,64 (m/s). Durante o SSP, a abordagem de diferenças finitas foi usada para discretizar o deslocamento angular do bípede e para transcrever o problema de otimização dinâmica em otimização estática. Durante o DSP, foram utilizados dados de amostragem do deslocamento angular, da velocidade e da aceleração. O número de divisões utilizado para o SSP é 10. Tentámos aumentar o número de divisões; no entanto, foram obtidos os mesmos resultados. Devido ao tempo reduzido do DSP, foram utilizadas 6 divisões para a discretização do deslocamento angular. Aumentar o número de divisões durante esta fase curta poderia resultar numa solução inviável. Em seguida, após a discretização e a formulação das restrições impostas, a rotina *fmincon* MATLAB foi utilizada com êxito para a solução da otimização dos parâmetros.

Foram investigados dois casos simulados para lidar com a continuidade dos binários do atuador/forças de reação no solo do bípede nas instâncias de transição. Como esperado, a utilização da estratégia referida no caso descontínuo pode levar a uma grande descontinuidade nas instâncias de transição. Os estados do robô bípede são conhecidos do SSP anterior e do seguinte, pelo que não é possível impor restrições adicionais aos binários de acionamento/forças de reação no solo nas instâncias de transição. **As Fig. 1-24 a Fig. 1-27** mostram os binários de acionamento e as forças de reação no solo, a trajetória ZMP e o diagrama de bengala durante as três fases de marcha (SSP/DSP/SSP). É de notar que a componente normal das forças de reação do solo pode ter um sinal negativo nas instâncias de transição, o que não é realista, porque os binários de acionamento/forças de reação nas fases de transição são obtidos a partir dos estados conhecidos nas condições finais. Por conseguinte, não podemos impor restrições às forças de reação ou quaisquer restrições nas condições finais. Com efeito, é possível obter binários de acionamento/forças de reação contínuos se libertarmos a velocidade e a aceleração nas condições finais do DSP. Assim, podem ser impostas restrições aos binários de acionamento/forças de reação e a aceleração pode ser contínua à custa de uma velocidade angular descontínua. No entanto, não podemos obter estados contínuos completos; por conseguinte, o caso simulado 2 pode ser uma solução melhor.

A utilização da função de transição linear para as forças de reação do solo durante o DSP no caso simulado 2 pode garantir a continuidade dos binários de acionamento/forças de reação do solo nas instâncias de transição devido ao aumento/diminuição gradual e suave das forças de reação do solo nos pés dianteiros/traseiros. No entanto, não podemos garantir que as forças de reação do solo não se tornem zero num determinado momento porque não existem restrições limitadas propostas no problema. Além disso, não há garantia de que o ZMP possa ser transferido linearmente do pé traseiro para o pé dianteiro. Por conseguinte, foram investigados três casos de respostas contínuas: resposta contínua sem forças lineares de reação do solo e ZMP, apenas com forças lineares de reação do solo e com forças lineares de reação do solo e ZMP. Como esperado, quanto mais restrições impostas, maior o consumo de energia. **Tab. 1-6** mostra o valor objetivo para todos os casos acima referidos; enquanto que **as Fig. 1-28 a Fig. 1-39** mostram os resultados da simulação para três casos diferentes de resposta contínua.

Observação 5-5. Em todos os casos mencionados, o ZMP desviar-se-á da sua margem de estabilidade em ambas as extremidades do DSP. Isto significa que o bípede é instável durante o DSP. Além disso, a margem de estabilidade do bípede durante o DSP é menor do que durante o SSP. Portanto, o WP2 é instável em termos do critério ZMP.

Tab. 1-6: Valor objetivo para os diferentes casos simulados para o bípede durante o ciclo completo da marcha

Caso		Valor objetivo $[N^2.m^2.s]$
Descontínuo		54525
Contínuo	Sem forças lineares no solo e ZMP	47.2042
	Apenas com forças lineares no solo	248.42
	Com forças lineares no solo e ZMP	251.33

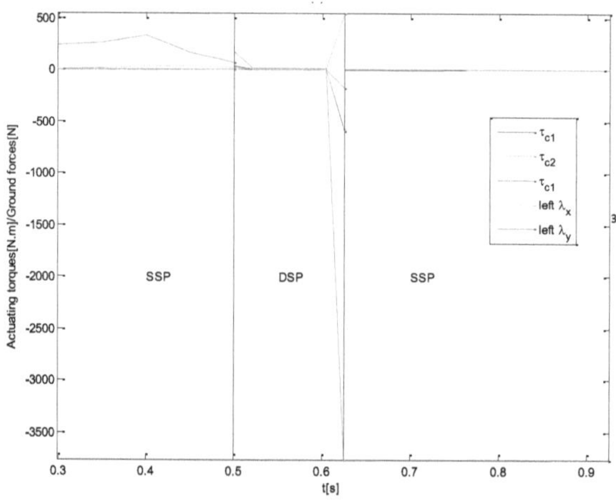

Fig. 1-24: Caso descontínuo - Binários actuantes/forças no solo para a perna esquerda

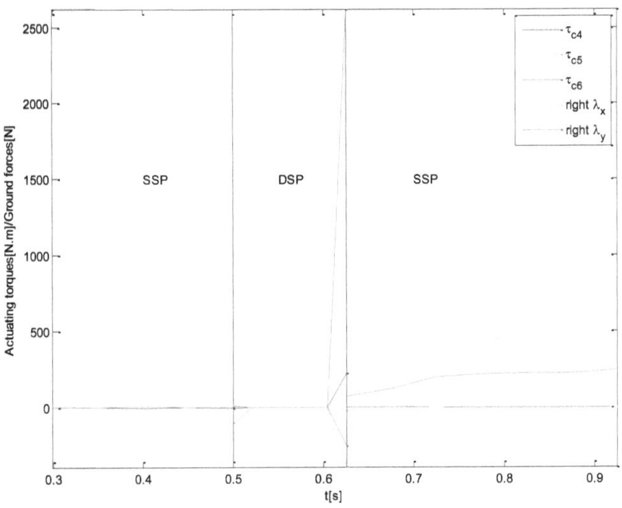

Fig. 1-25: Caso descontínuo: Binários de acionamento/forças no solo para a perna direita

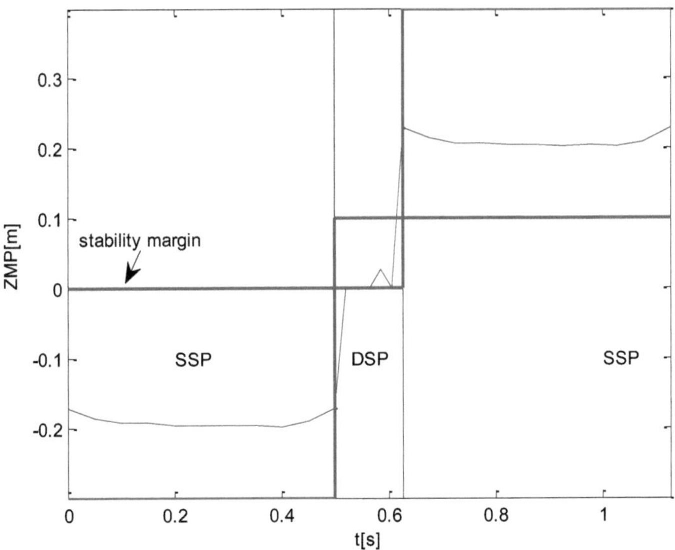

Fig. 1-26: Caso descontínuo: Trajetória ZMP

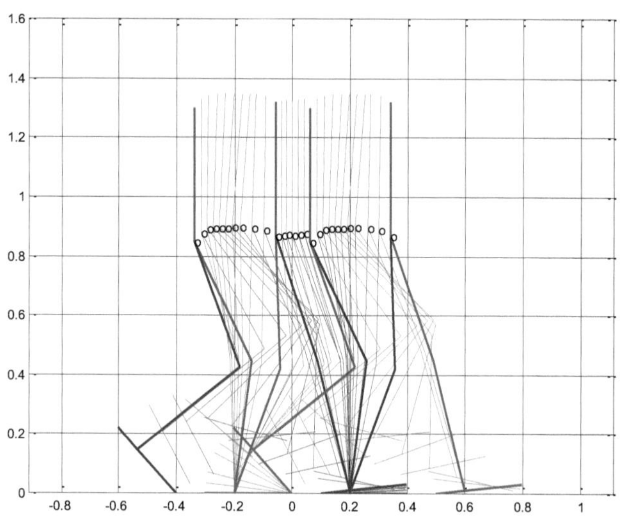

Fig. 1-27: Caso descontínuo: diagrama de vara

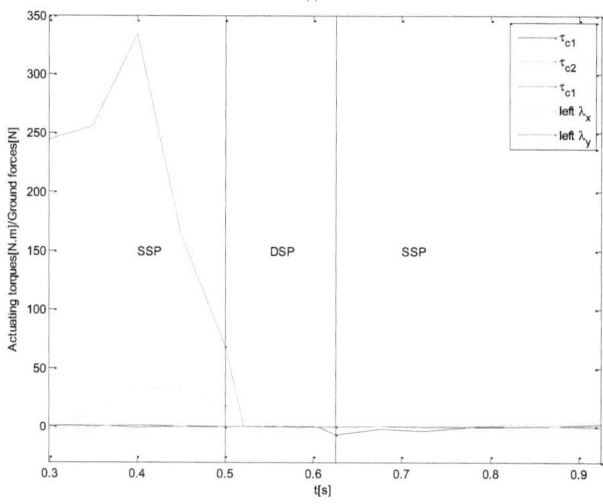

Fig. 1-28: Caso contínuo sem forças lineares do solo e binários/forças do solo actuantes ZMP
para a perna esquerda

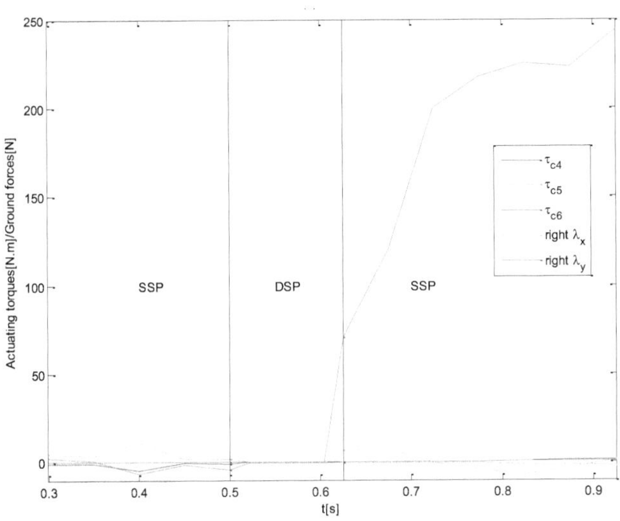

Fig. 1-29: Caso contínuo sem forças lineares do solo e binários/forças do solo actuantes ZMP para a perna direita

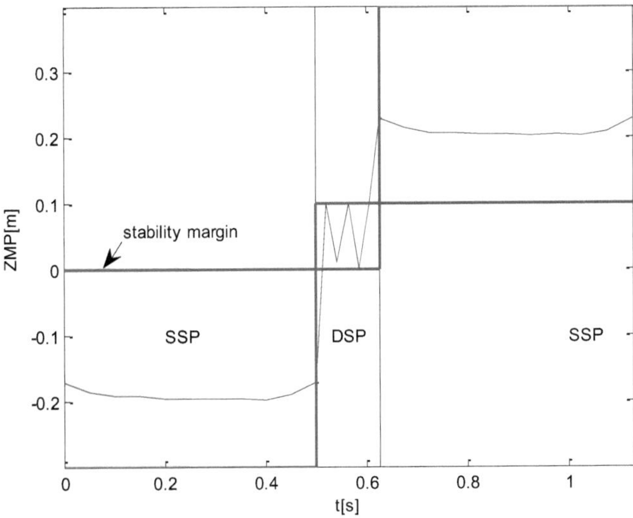

Fig. 1-30: Caso contínuo sem forças lineares do solo e trajetória ZMP-ZMP

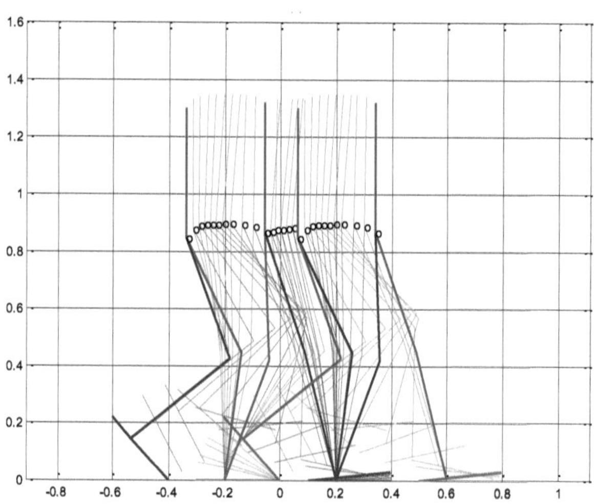

Fig. 1-31: Caso contínuo sem forças lineares do solo e diagrama ZMP-stick

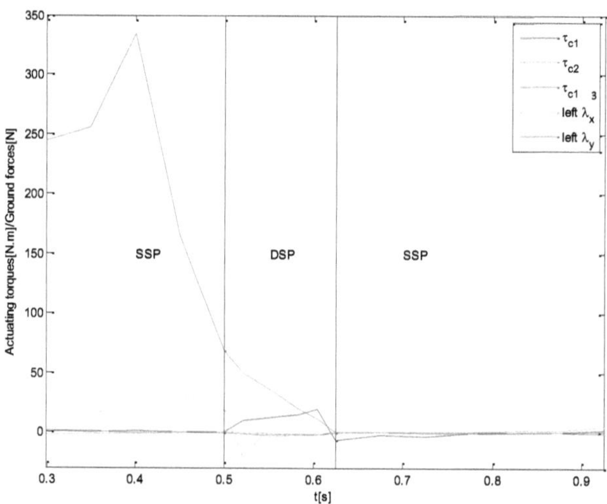

Fig. 1-32: Caso contínuo com forças lineares do solo - binários de acionamento/forças do solo
para a perna esquerda

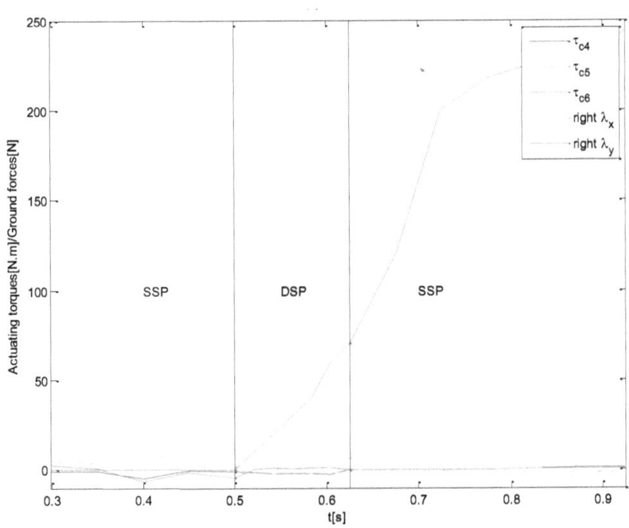

Fig. 1-33: Caso contínuo com forças lineares do solo - binários de acionamento/forças do solo para a perna direita

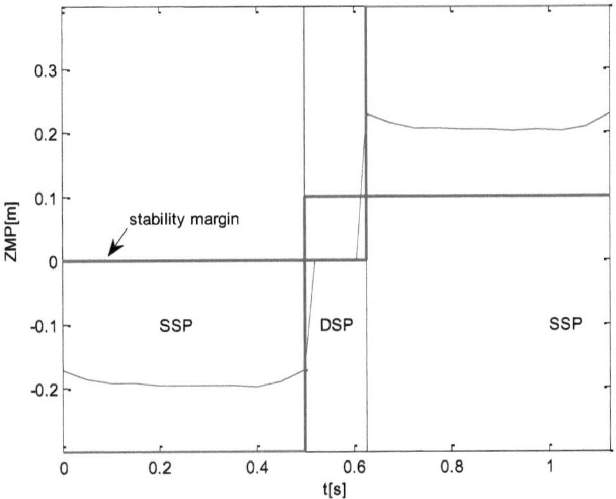

Fig. 1-34: Caso contínuo com forças lineares do solo - trajetória ZMP

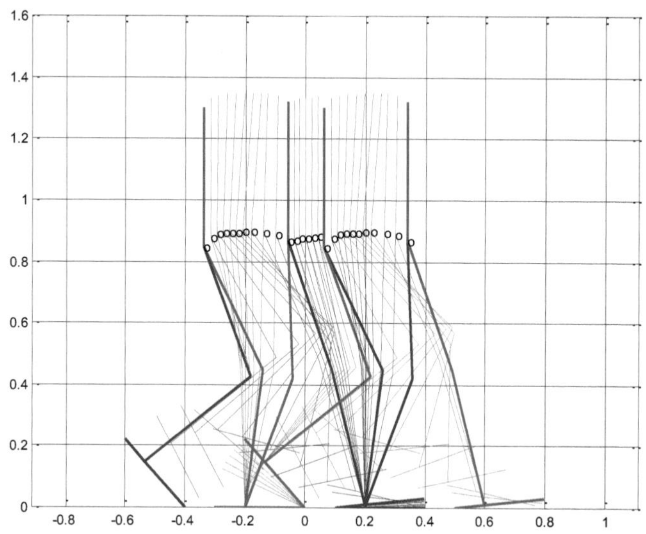

Fig. 1-35: Caso contínuo com forças lineares do solo - diagrama de vara

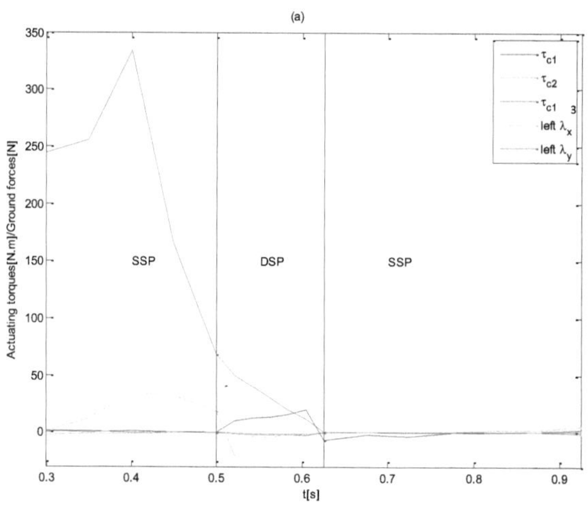

Fig. 1-36: Caso contínuo com forças lineares do solo e ZMP - binários de atuação/forças do solo para a perna esquerda

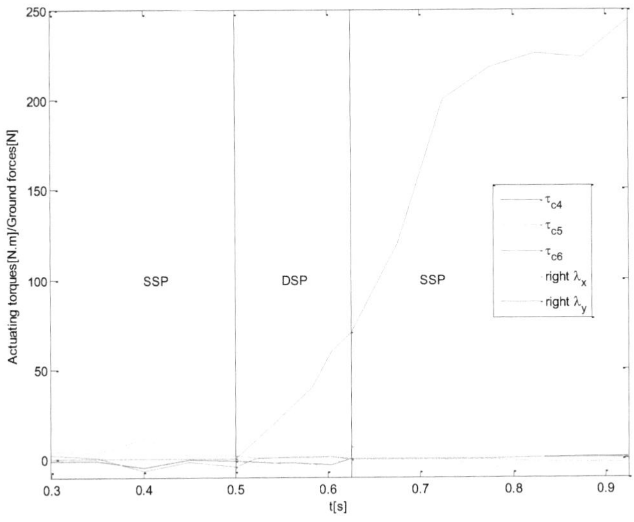

Fig. 1-37: Caso contínuo com forças lineares do solo e ZMP - binários de atuação/forças do solo para a perna direita

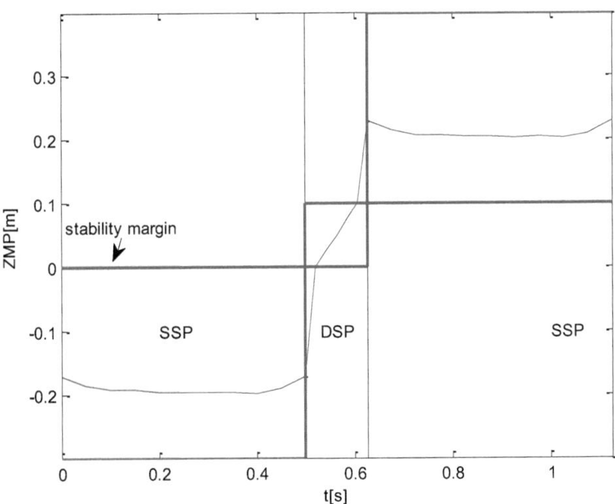

Fig. 1-38: Caso contínuo com forças lineares do solo e trajetória ZMP -ZMP

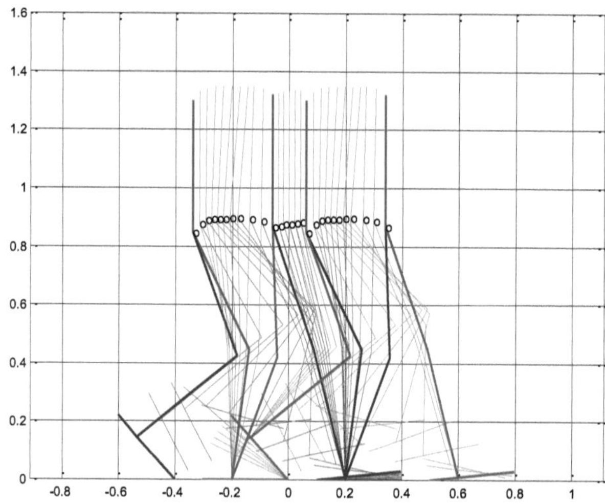

Fig. 1-39: Caso contínuo com forças lineares do solo e diagrama ZMP -stick

2 Conclusões e trabalho futuro

Este relatório apresentou um estudo pormenorizado sobre o planeamento suboptimizado da trajetória da locomoção bípede:

- Este relatório centra-se em três questões: a seleção do método direto adequado para o controlo subóptimo do robot bípede, o algoritmo adequado para a solução do mínimo global do PNL e o efeito de diferentes restrições na energia necessária do robot bípede. A abordagem de diferenças finitas pode ser utilizada eficazmente para resolver a trajetória subóptima do mecanismo bípede. A abordagem de diferenças finitas pode ser usada eficientemente para resolver a trajetória subóptima do mecanismo bípede, enquanto a abordagem genética-SQP pode obter o mínimo global do PNL. Por último, pode concluir-se que quanto mais restrições forem impostas ao robot bípede, mais energia será necessária. Em geral, pode ser necessária mais energia no caso de
- Restrição do pé de baloiço para estar nivelado com o solo.
- Reduzir a altura da anca ou obrigar a anca a mover-se a uma altura constante.
- Pernas mais compridas do que as coxas.
- Passos mais longos ou velocidade de passo elevada.

Com efeito, produziu-se um ligeiro aumento da energia nos dois últimos casos. Apesar da facilidade de utilização do problema de controlo subóptimo, este pode dar uma solução aproximada. Por conseguinte, é necessário um estudo mais aprofundado para tratar o problema numa aplicação em tempo real.

- Este relatório aborda o problema da descontinuidade dos binários de acionamento/forças de reação nas instâncias de transição, utilizando a função de deslocamento linear para as forças de reação do solo. Esta estratégia pode garantir a continuidade dos binários de acionamento/forças de reação e dos estados do robô bípede.

Este estudo trata de um ciclo de marcha estável em vez de ciclos de aceleração e desaceleração em que o robot bípede pode mover-se a partir do repouso e parar. Além disso, não se considera o efeito das articulações dos dedos dos pés e/ou dos calcanhares nos parâmetros de marcha, na natureza da marcha e no consumo de energia. A utilização da formulação de Newton Euler recursiva pode melhorar a complexidade computacional. A teoria do controlo ótimo combinada com a formulação recursiva de Newton Euler é necessária para sistemas robóticos complexos, como o robô bípede. Por conseguinte, é necessário um estudo mais aprofundado para tratar os pontos importantes acima referidos.

3 Referências

[Bec13] Becerra, V. M. *Practical direct collocation methods for computational optimal control.* Em Modelação e otimização em engenharia espacial, G. Fasano e J. D. Pinter, Eds. Springer Optimization and Its Applications, 2013

[Bes02] Bessonnet, G.; Chesse, S.; Sardain, P. *Generating optimal gait of a human-sized biped robot.* In the 5th Int. Conf. Climbing and Walking Robots, Paris, 2002, pp.241-253.

[Bes05] Bessonnet, G.; Seguin, P.; Sardain, P. *A parametric optimization approach to walking pattern synthesis.* The International Journal of Robotics Research: 24 (7), 523-536, 2005

[Bet01] Betts, J. T. *Practical methods of optimal control using nonlinear programming.* USA, Philadelphia: SIAM, 2001.

[Cha08] Chapra, S. C. *Applied numerical methods with MATLAB® for engineers and scientists.* Nova Iorque, EUA: McGraw Hill Higher Education, 2008

[Cha09] Chachuat, B. *Controlo optimizado, Conferências 19-20: Métodos de solução direta.* Departamento de Engenharia Química, Universidade de McMaster, Canadá, 2009

[Che09] Chevallereau, C.; Bessonnet, G.; Abba, G.; Aoustin,Y. *Bipedal Robots, Modeling , design and building walking robots.* EUA: John Wiley and Sons Inc, 2009.

[Diehl, M. *Numerical optimal control.* Notas de aula, Centro de Otimização em Engenharia (OPTEC) e Departamento de Engenharia Eléctrica (ESAT), KU Leuven, Bélgica, 2011

[Fle87] Fletcher, R. *Practical methods in optimization.* John Wiley and Sons, 1987.

[Gerdts, M. *Optimal control of ODEs and DAEs.* Berlim/Boston: Walter de Gruyter GmbH & Co. KG, 2012.

[Goh88] Goh, C. J.; Teo, K. L. *Control parameterization, a unified approach to optimal problem with general constraints.* Automatica: 24(1), 3-18, 1988.

[Hay13/1] Al-Shuka, Hayder F. N; Corves, B. *Sobre os geradores de padrões de marcha de robôs bípedes.* Journal of Automation and Control, Vol.1, No. 2, pp.149-156 (março de 2013) http://www.joace.org/uploadfile/2013/0506/20130506045849456.pdf.

[Hay13/2] Al-Shuka, Hayder F. N; Corves, B.; Zhu, Wen-Hong. *Sobre a otimização dinâmica do robô bípede.* Lecture Notes on Software Engineering, Vol. 1, No. 3, pp. 237-243 (junho de 2013) https://pdfs.semanticscholar.org/856d/42547334681b2afe79067d52fc9b0103d8ee.pdf.

[Hay13/3] Al-Shuka, Hayder F. N; Corves, B.; Vanderborght, B.; Zhu, Wen-Hong. *Planeamento de trajetória subótima baseada em diferenças finitas de um robô bípede com resposta dinâmica contínua*. International Journal of Modeling and Optimization, Vol.3, No. 4, pp.337-343 (agosto de 2013) http://www.ijmo.org/papers/294-CS0019.pdf.

[Hay14/1] Al-Shuka, Hayder F. N; Corves, B.; Zhu, Wen-Hong; Vanderborght, B. *A Simple algorithm for generating stable biped walking patterns*. International Journal of Computer Applications, Vol. 101, No. 4, pp. 29-33 (Sep. 2014) https://pdfs.semanticscholar.org/57ec/9c1fdde5b50468c6ef5881ef33a97a55168d.pdf.

[Hay14/2] Al-Shuka, Hayder F. N; Corves, B.; Zhu, Wen-Hong. *Modelagem dinâmica de robô bípede usando formulações Lagrangianas e recursivas de Newton-Euler*. International Journal of Computer Applications, Vol. 101, No. 3, pp. 1-8 (Sep. 2014) http://citeseerx.ist.psu.edu/viewdoc/download?doi=10.1.1.800.2667&rep=rep1&type=pdf.

[Hay14/3] Al-Shuka, Hayder F. N; Allmedinger, F; Corves, B.; Zhu, Wen-Hong. *Modelação, estabilidade e geradores de padrões de marcha de robôs bípedes: uma revisão*. Robotica, Cambridge Press, Vol. 32, No. 6, pp. 907-934 (Sep. 2014) https://doi.org/10.1017/S0263574713001124.

[Hay14/4] Al-Shuka, Hayder F. N; Corves, B.; Zhu, Wen-Hong. *Controlo de decomposição virtual adaptativo baseado na técnica de aproximação de funções para um manipulador de cadeia em série*. Robotica, Cambridge Press, Vol. 32, No. 3, pp. 375-399 (maio de 2014) https://doi.org/10.1017/S0263574713000775.

[Hay14] Al-Shuka, Hayder F. N. *Modelação, geradores de padrões de marcha e controlo adaptativo de um robô bípede*. Dissertação de Doutoramento, Universidade RWTH Aachen, Departamento de Engenharia Mecânica, IGM, Alemanha (2014) http://publications.rwth-aachen.de/record/465562.

[Hay15] Al-Shuka, Hayder F. N; Corves, B.; Vanderborght, B.; Zhu, Wen-Hong. *Robô bípede baseado em pontos de momento zero com diferentes padrões de marcha*. Revista Internacional de Sistemas e Aplicações Inteligentes, Vol. 07, No. 1, pp. 31-41 (2015) https://www.researchgate.net/publication/267865541_Zero-Moment_Point-Based_Biped_Robot_with_Different_Walking_Patterns.

[Hay16] Al-Shuka, Hayder F. N; Corves, B.; Zhu, Wen-Hong; Vanderborght, B. *Controlo multinível de robôs humanóides bípedes baseados no ponto de momento zero: uma revisão*. Robotica, Cambridge Press, vol. 34, No. 11, pp. 2440-2466 (2016) https://doi.org/10.1017/S0263574715000107.

[Hay17/1] Al-Shuka, Hayder F. N. *Distribuição de tensões e conceção óptima de bases de próteses transtibiais de polipropileno e laminadas: FEM e implementações experimentais*. Munique, GRIN Verlag (2017) https://www.grin.com/document/385910.

[Hay17/2] Al-Shuka, Hayder F. N. *Uma visão geral do controlo de equilíbrio e estabilização de robôs bípedes*. Munique, GRIN Verlag (2017) https://www.grin.com/document/375226

[Hay18/1] Al-Shuka, Hayder F. N.; Song, R. *Sobre estratégias de controlo de baixo nível de exoesqueletos de membros inferiores com aumento de potência.* A 10th Conferência Internacional IEEE sobre Inteligência Computacional Avançada, Xiamen, China, pp. 63-68 (2018) DOI:10.1109/ICACI.2018.8377581.

[Hay18/2] Al-Shuka, Hayder F. N.; Song, R. *Sobre o controlo de alto nível do exoesqueleto de extremidade inferior de aumento de potência: intenção de caminhada humana.* A 10th Conferência Internacional IEEE sobre Inteligência Computacional Avançada, Xiamen, China, pp. 169-174 (2018) DOI: 10.1109/ICACI.2018.8377601.

[Hay18/3] Al-Shuka, Hayder F. N. *Sobre controlo adaptativo baseado em aproximação local com aplicações a manipuladores robóticos e robô bípede.* International Journal of Dynamics and Control, Springer, Vol. 6, No. 1, pp. 393-353 (2018) https://doi.org/10.1007/s40435-016-0302-6.

[Hay19] Al-Shuka, Hayder F. N.; Song, R. *Decentralized Adaptive Partitioned Approximation Control of Robotic Manipulators.* In: Arakelian V., Wenger P. (eds), ROMANSY 22 - Robot Design, Dynamics and Control. Centro Internacional de Ciências Mecânicas do CISM (Cursos e Palestras), vol 584. Springer, Cham (2019) https://doi.org/10.1007/978-3-319-78963-7_3.

[Hul96] Hull, D. G. *Conversão de problemas de controlo ótimo em problemas de otimização de parâmetros.* AIAA, Guidance, Navigation and control performance, San Diego, 1996.

[Mat11] MATLAB V7.12 (R2011a). Optimization Toolbox™, Guia do utilizador, The MathWorks, Inc, 2011.

[Pan92] Pandy, M.G.; Anderson, F.C.; Hull, D. G. *A parameter optimization approach for the optimal control of large-scale musculoskeletal.* J. Biomech. Eng.: 114 (4), 450-460, 1992.

[Rob05] Robinett III, R. D.; Wilson, D. G.; Eislerand, G. R.; Hurtado, H. E. *Applied dynamic programming for optimization of dynamical systems.* EUA: SIAM, Philadelphia, 2005.

[Ros01] Rostami, M.; Bessonnet, G. *Marcha sagital de um robot bípede durante a fase de apoio único. Parte 2: Movimento ótimo.* Robotica: vol.19, pp. 241-253, 2001.

[Rou97] Roussel, L.; Canudas-de-Wit, C.; Goswami, A. *Comparative study of methods for energy-optimal gait generation for biped robots.* Conferência Internacional sobre Informática e Controlo, (1997).

[Sam08] Radhi, S.; Al-Shuka, Hayder F. N. *Analysis of below knee prosthetic socket.* Journal of Engineering and Development, Vol. 12, No.2, pp. 127-136 (junho de 2008) https://www.iasj.net/iasj?func=fulltext&aId=10094.

[Seg05] Seguin, P.; Bessonnet, G. *Geração de ciclos de marcha óptimos usando parametrização de estado baseada em splines.* Jornal Internacional de Robótica Humanoide: 2 (1), 47-80, 2005.

[Ste97] Steinbach, M. C. *Optimal motion design using inverse dynamics*. Preprint SC 97-12 (março de 1997).

[Str93] Stryk, O. von. *Solução numérica de problemas de controlo ótimo por colocação direta*. Em Optimal control-Calculus of variations, optimal control theory and numerical methods, R. Bulrisch, A. Miele, J. Stoer, and K.-H Well ,Eds. International Series of Numerical Mathematics ,129-143 (1993).

[Vun10] Vundavilli, P. R.; Pratihar, D. K. *Gait planning of biped robots using soft computing: an attempt to incorporate intelligence*. Sistemas Autónomos Inteligentes: Foundation and Applications, editado por D.K. Pratihar, L.C. Jain, Springer-Verlag, Alemanha, pp.57-85 (2010).

[Wan06] Wang, Q. *Um estudo de formulações alternativas para a otimização de sistemas estruturais e mecânicos sujeitos a cargas estáticas e dinâmicas*. EUA/ Universidade de IOWA: Dissertação de Doutoramento, 2006.

[Yen87] Yen, V.; Nagurka, M. L. *Suboptimal trajectory planning of a five-link human locomotion model*. Biomechanics of Normal and Prosthetic Gait, ASME, BED-vol. 4 e DSC-vol. 7, pp. 17-22, 1987.

I want morebooks!

Buy your books fast and straightforward online - at one of world's fastest growing online book stores! Environmentally sound due to Print-on-Demand technologies.

Buy your books online at
www.morebooks.shop

Compre os seus livros mais rápido e diretamente na internet, em uma das livrarias on-line com o maior crescimento no mundo! Produção que protege o meio ambiente através das tecnologias de impressão sob demanda.

Compre os seus livros on-line em
www.morebooks.shop

Printed by Books on Demand GmbH, Norderstedt / Germany